1949-2019
新 中国气象事业70周年

服务民生初心不改
潮涌燕赵续写华章

新中国气象事业70周年·河北卷

河北省气象局

图书在版编目（CIP）数据

新中国气象事业70周年. 河北卷 / 河北省气象局编著. -- 北京 : 气象出版社, 2020.12
 ISBN 978-7-5029-7142-7

Ⅰ.①新… Ⅱ.①河… Ⅲ.①气象－工作－河北－画册 Ⅳ.①P468.2-64

中国版本图书馆CIP数据核字(2020)第081841号

新中国气象事业70周年·河北卷
Xinzhongguo Qixiang Shiye Qishi Zhounian · Hebei Juan

河北省气象局　编著

出版发行： 气象出版社			
地　　址： 北京市海淀区中关村南大街46号		**邮政编码：** 100081	
电　　话： 010–68407112（总编室）　　010–68408042（发行部）			
网　　址： http://www.qxcbs.com		**E – mail：** qxcbs@cma.gov.cn	
策划编辑： 周　露			
责任编辑： 黄海燕		**终　审：** 吴晓鹏	
责任校对： 张硕杰		**责任技编：** 赵相宁	
装帧设计： 新光洋（北京）文化传播有限公司			
印　　刷： 北京地大彩印有限公司			
开　　本： 889 mm×1194 mm 1/16		**印　张：** 11.5	
字　　数： 295 千字			
版　　次： 2020 年 12 月第 1 版		**印　次：** 2020 年 12 月第 1 次印刷	
定　　价： 238.00 元			

本书如存在文字不清、漏印以及缺页、倒页、脱页等，请与本社发行部联系调换

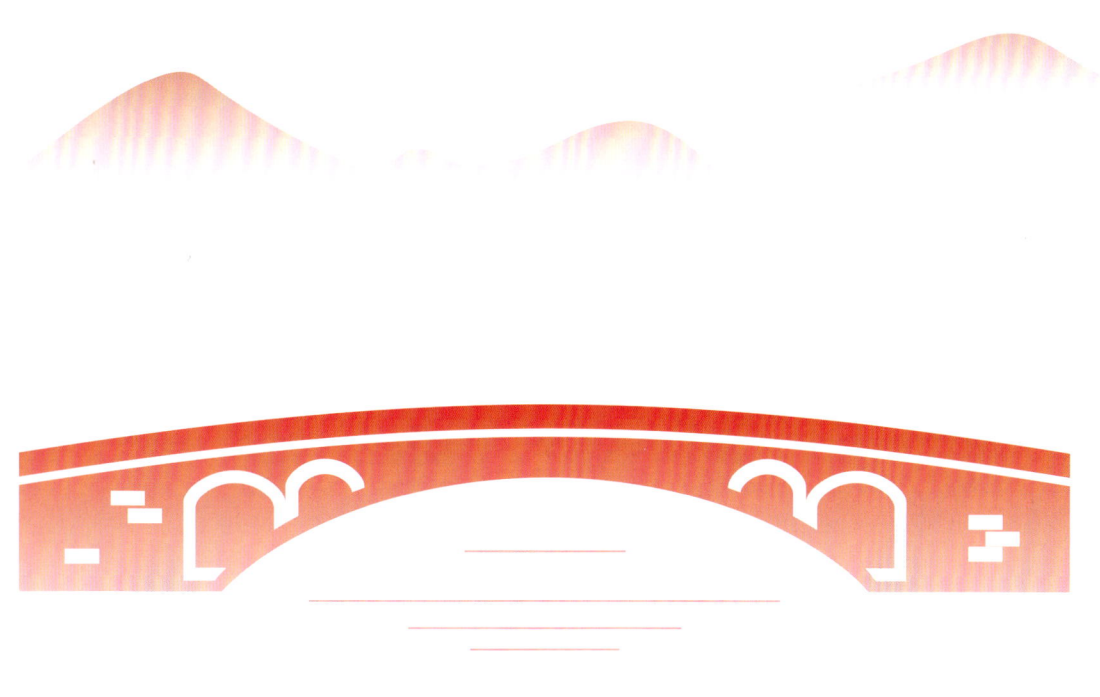

《新中国气象事业70周年·河北卷》编委会

主　任： 张　晶
副主任： 王世恩
委　员： 李红艳　闫巨盛　赵妙文　王新龙　刘建文
　　　　　齐文明　梁　钰　扈成省　刘文奎　王国权
撰稿人： 杨雪川　张润民　谢　盼　马　洵　李连伟
　　　　　梁　涛　关　昊　刘建平　吴丽侠　赵进方
　　　　　于　超　郝宏业　何　丽　安海涛　高春雪
　　　　　闫晓庆

总 序

1949年12月8日是载入史册的重要日子。这一天，经中央批准，中央军委气象局正式成立，开启了新中国气象事业的伟大征程。

气象事业始终根植于党和国家发展大局，与国家发展同行共进、同频共振。伴随着国家发展的进程，气象事业从小到大、从弱到强、从落后到先进，走出了一条中国特色社会主义气象发展道路。新中国成立后，我们秉持人民利益至上这一根本宗旨，统筹做好国防和经济建设气象服务。在国家改革开放的大潮中，我们全面加速气象现代化建设，在促进国家经济社会发展和保障改善民生中实现气象事业的跨越式发展。党的十八大以来，我们坚持以习近平新时代中国特色社会主义思想为指导，坚持在贯彻落实党中央决策部署和服务保障国家重大战略中发展气象事业，开启了现代化气象强国建设的新征程。70年气象事业的生动实践深刻诠释了国运昌则事业兴、事业兴则国家强。

气象事业始终在党中央、国务院的坚强领导和亲切关怀下，与伟大梦想同心同向、逐梦同行。党和国家始终把气象事业作为基础性公益性社会事业，纳入经济社会发展全局统筹部署、同步推进。毛泽东主席关于气象部门要把天气常常告诉老百姓的指示，成为气象工作贯穿始终的根本宗旨。邓小平同志强调气象工作对工农业生产很重要，江泽民同志指出气象现代化是国家现代化的重要标志，胡锦涛同志要求提高气象预测预报、防灾减灾、应对气候变化和开发利用气候资源能力，都为气象事业发展指明了方向，鼓舞着我们奋勇前行。习近平总书记特别指出，气象工作关系生命安全、生产发展、生活富裕、生态良好，要求气象工作者推动气象事业高质量发展，提高气象服务保障能力，为我们以更高的政治站位、更宽的国际视野、更强的使命担当实现更大发展，提供了根本遵循。

在党中央、国务院的坚强领导下，一代代气象人接续奋斗、奋力拼搏，气象事业发生了根本性变化，取得了举世瞩目的成就。

70年来，我们紧紧围绕国家发展和人民需求，坚持趋利避害并举，建成了世界上保障领域最广、机制最健全、效益最突出的气象服务体系。

面向防灾减灾救灾，我们努力做到了重大灾害性天气不漏报，成功应对了超强台风、特大洪水、低温雨雪冰冻、严重干旱等重大气象灾害，为各级党委政府防灾减灾部署和人民群众避灾赢得了先机。我们建成了多部门共享共用的国家突发事件预警信息发布系统，努力做到重点灾害预警不留盲区，预警信息可在10分钟内覆盖86%的老百姓，有效解决了"最后一公里"问题，充分发挥了气象防灾减灾第一道防线作用。

面向生态文明建设，我们构建了覆盖多领域的生态文明气象保障服务体系，打造了人工影响天气、气候资源开发利用、气候可行性论证、气候标志认证、卫星遥感应用、大气污染防治保障等服务品牌，开展了三江源、祁连山等重点生态功能区空中云水资源开发利用，完成了国家和区域气候变化评估，组织了四次全国风能资源普查，探索建设了国家气象公园，建立了世界上规模最大的现代化人工影响天气作业体系，人工增雨（雪）覆盖 500 万平方公里，防雹保护达 50 多万平方公里，有力推动了生态修复、环境改善，气象已经成为美丽中国的参与者、守护者、贡献者。

面向经济社会发展，我们主动服务和融入乡村振兴、"一带一路"、军民融合、区域协调发展等国家重大战略，主动服务和融入现代化经济体系建设，大力加强了农业、海洋、交通、自然资源、旅游、能源、健康、金融、保险等领域气象服务，成功保障了新中国成立 70 周年、北京奥运会等重大活动和南水北调、载人航天等重大工程，积极引导了社会资本和社会力量参与气象服务，服务领域已经拓展到上百个行业、覆盖到亿万用户，投入产出比达到 1∶50，气象服务的经济社会效益显著提升。

面向人民美好生活，我们围绕人民群众衣食住行健康等多元化服务需求，创新气象服务业态和模式，大力发展智慧气象服务，打造"中国天气"服务品牌，气象服务的及时性、准确性大幅提高。气象影视服务覆盖人群超过 10 亿，"两微一端"气象新媒体服务覆盖人群超 6.9 亿，中国天气网日浏览量突破 1 亿人次，全国气象科普教育基地超过 350 家，气象服务公众覆盖率突破 90%，公众满意度保持在 85 分以上，人民群众对气象服务的获得感显著增强。

70 年来，我们始终坚持气象现代化建设不动摇，建成了世界上规模最大、覆盖最全的综合气象观测系统和先进的气象信息系统，建成了无缝隙智能化的气象预报预测系统。

综合气象观测系统达到世界先进水平。气象观测系统从以地面人工观测为主发展到"天—地—空"一体化自动化综合观测。现有地面气象观测站 7 万多个，全国乡镇覆盖率达到 99.6%，数据传输时效从 1 小时提升到 1 分钟。建成了 216 部雷达组成的新一代天气雷达网，数据传输时效从 8 分钟提升到 50 秒。成功发射了 17 颗风云系列气象卫星，7 颗在轨运行，为全球 100 多个国家和地区、国内 2500 多个用户提供服务，风云二号 H 星成为气象服务"一带一路"的主力卫星。建立了生态、环境、农业、海洋、交通、旅游等专业气象监测网，形成了全球最大的综合气象观测网。

气象信息化水平显著增强。物联网、大数据、人工智能等新技术得到深入应用，形成了"云＋端"的气象信息技术新架构。建成了高速气象网络、海量气象数据库和国产超级计算机系统，每日新增的气象数据量是新中国成立初期的 100 多万倍。新建设的"天镜"系统实现了全业务、全流程、全要素的综合监控。气象数据率先向国内外全面开放共享，中国气象数据网累计用户突破 30 万，海外注册用户遍布 70 多个国家，累计访问量超过 5.1 亿人次。

气象预报业务能力大幅提升。从手工绘制天气图发展到自主创新数值天气预报，从站点预报发展到精细化智能网格预报，从传统单一天气预报发展到面向多领域的影响预报和风险预警，气象预报预测的准确率、提前量、精细化和智能化水平显著提高。全国暴雨预警准确率达到 88%，强对流预警时间提前至 38 分钟，可提前 3～4 天对台风路径做出较为准确的预报，达到世界先进水平。2017 年中国气象局成为世界气象中心，标志着我国气象现代化整体水平迈入世界先进行列！

70 年来，我们紧跟国家科技发展步伐和世界气象科技发展趋势，大力加强气象科技创新和人才队伍建设，我国气象科技创新由以跟踪为主转向跟跑并跑并存的新阶段。

建立了较为完善的国家气象科技创新体系。我们不断优化气象科技创新功能布局，形成了气象部门科研机构、各级业务单位和国家科研院所、高等院校、军队等跨行业科研力量构成的气象科技创新体系。强化气象科技与业务服务深度融合，大力发展研究型业务。加快核心关键技术攻关，雷达、卫星、数值预报等技术取得重大突破，有力支撑了气象现代化发展。坚持气象科技创新和体制机制创新"双轮驱动"，形成了更具活力的气象科技管理制度和创新环境。气象科技成果获国家自然科学奖 26 项，获国家科技进步奖 67 项。

科技人才队伍建设取得丰硕成果。我们大力实施人才优先战略，加强科技创新团队建设。全国气象领域两院院士 35 人，气象部门入选"千人计划""万人计划"等国家人才工程 25 人。气象科学家叶笃正、秦大河、曾庆存先后获得国际气象领域最高奖，叶笃正获国家最高科学技术奖。一系列科技创新成果和一大批科技人才有力支撑了气象现代化建设。

70 年来，我们坚持并完善气象体制机制、不断深化改革开放和管理创新，气象事业从封闭走向开放、从传统走向现代、从部门走向社会、从国内走向全球。

领导管理体制不断巩固完善。坚持并不断完善双重领导、以部门为主的领导管理体制和双重计划财务体制，遵循了气象科学发展的内在规律，实现了气象现代化全国统一规划、统一布局、统一建设、统一管理，形成了中央和地方共同推进气象事业发展、共同建设气象现代化的格局，满足了国家和地方经济社会发展对气象服务的多样化需求。

各项改革不断深化。坚持发展与改革有机结合，协同推进"放管服"改革和气象行政审批制度改革，全面完成国务院防雷减灾体制改革任务，深入推进气象服务体制、业务科技体制、管理体制等改革，初步建立了与国家治理体系和治理能力现代化相适应的业务管理体系和制度体系，为气象事业高质量发展注入强大动力。

开放合作力度不断加大。与近百家单位开展务实合作，形成了省部合作、部门合作、局校合作、局企合作的全方位、宽领域、深层次国内开放合作格局。先后与 160 多个国家和地区开展了气象科技合作交流，深度参与"一带一路"建设，为广大发展中国家提供气象科技援助，100 多位中国专家在世界气象组织、政府间气候变化专门委员会等国际组织中任职，气象全球影响力和话语权显著提升，我国已成为世界气象事业的深度参与者、积极贡献者，为全球应对气候变化和自然灾害防御不断贡献中国智慧和中国方案。

气象法治体系不断健全。建立了《气象法》为龙头，行政法规、部门规章、地方法规组成的气象法律法规制度体系，形成了由国家、地方、行业和团体等各类标准组成的气象标准体系，气象事业进入法治化发展轨道。

70 年来，我们始终坚持党对气象事业的全面领导，以政治建设为统领，全面加强党的建设，在拼搏奉献中践行初心使命，为气象事业高质量发展提供坚强保证。

70 年来，气象事业发展历程中人才辈出、精神璀璨，有夙夜为公、舍我其谁的开创者和领导者，有精益求精、勇攀高峰的科学家，有奋楫争先、勇挑重担的先进模范，有甘于清苦、默默奉献的广大基层职工。一代代气象人以服务国家、服务人民的深厚情怀，谱写了气象事业跨越式发展的壮丽篇章；一代代气象人推动着气象事业的长河奔腾向前，唱响了砥砺奋进的动人赞歌；一代代气象人凝练出"准确、及时、创新、奉献"的气象精神，激发起干事创业的担当魄力！

70 年的发展实践，我们深刻地认识到，**坚持党的全面领导是气象事业的根本保证**。70 年来，在党的领导下，气象事业紧贴国家、时代和人民的要求，实现健康持续发展。我们坚持以习近平新时代中国特色社会主义思想为指导，增强"四个意识"，坚定"四个自信"，做到"两个维护"，把党的领导贯穿和体现到气象事业改革发展各方面各环节，确保气象改革发展和现代化建设始终沿着正确的方向前行。**坚持以人民为中心的发展思想是气象事业的根本宗旨**。70 年来，我们把满足人民生产生活需求作为根本任务，把保护人民生命财产安全放在首位，把老百姓的安危冷暖记在心上，把为人民服务的宗旨落实到积极推进气象服务供给侧结构性改革等各方面工作，促进气象在公共服务领域不断做出新的贡献。**坚持气象现代化建设不动摇是气象事业的兴业之路**。70 年来，我们坚定不移加强和推进气象现代化建设，以现代化引领和推动气象事业发展。我们按照新时代中国特色社会主义事业的战略安排，谋划推进现代化气象强国建设，确保气象现代化同党和国家的发展要求相适应、同气象事业发展目标相契合。**坚持科技创新驱动和人才优先发展是气象事业的根本动力**。70年来，我们大力实施科技创新战略，着力建设高素质专业化干部人才队伍，集中攻关制约气象事业发展的核心关键技术难题，促进了气象科技实力和业务水平的不断提升。**坚持深化改革扩大开放是气象事业的活力源泉**。70年来，我们紧跟国家步伐，全面深化气象改革开放，认识不断深化、力度不断加大、领域不断拓展、成效不断显现，推动气象事业在不断深化改革中披荆斩棘、破浪前行。

铭记历史，继往开来。《新中国气象事业70周年》系列画册选录了70年来全国各级气象部门最具有历史意义的图片，生动全面地记录了气象事业的发展足迹和突出贡献。通过系列画册，面向社会充分展示了气象事业70年来的生动实践、显著成就和宝贵经验；展现了气象事业对中国社会经济发展、人民福祉安康提供的强有力保障、支撑；树立了"气象为民"形象，扩大中国气象的认知度、影响力和公信力；同时积累和典藏气象历史、弘扬气象人精神，能够推动气象文化建设，凝聚共识，汇聚推进气象事业改革发展力量。

在新的长征路上，气象工作责任更加重大、使命更加光荣，我们将以习近平新时代中国特色社会主义思想为指导，不忘初心、牢记使命，发扬优良传统，加快科技创新，做到监测精密、预报精准、服务精细，推动气象事业高质量发展，提高气象服务保障能力，发挥气象防灾减灾第一道防线作用，以永不懈怠的精神状态和一往无前的奋斗姿态，为决胜全面建成小康社会、建设社会主义现代化国家做出新的更大贡献！

中国气象局党组书记、局长：刘雅鸣

2019年12月

前言

夸父逐日，至死不屈。夸父般的逐梦精神，穿越了五千年中华文明。辉煌璀璨，风雨坎坷，那代代相传的文化精神之火从未熄灭。气象科学的发展与人类文明攸关而同步发展。古代气象成果主要是应用于农学，其次是医学、军事学等。

中华人民共和国的诞生为气象事业的发展开辟了广阔的前景。1951年第一次全国气象工作会议召开后，各级气象管理机构建立，积极建设气象台站网，统一业务规章制度、技术规范、仪器装备，建立正常的工作秩序。一个全新的气象事业历史发展时期到来。

河北省是我国最早开展气象研究的省份之一。中华人民共和国建立以来，在党中央、国务院的正确领导下，在中国气象局和河北省委、省政府的有力指导下，河北气象工作者以一往无前的进取精神和波澜壮阔的创新实践，在诸多领域实现了从跟跑、并跑到领跑的跨越式发展，开创了河北气象事业快速发展的新局面。

本书资料统计截止时间为2019年，新中国正好走过了70年的光辉历程，河北气象事业的发展也走过了光辉而曲折的历程。70年来，河北省气象部门坚持将党的建设、文明建设作为推动气象工作的重要抓手，联合多部门开展劳动技能竞赛、文明台站标兵创建和巾帼建功活动，建成全国文明单位4个，多人次获全国劳模或全国五一劳动奖章。注重服务服从大局，主动融入京津冀协同发展、雄安新区建设、北京冬奥会和冬残奥会发展战略；注重精益求精，高质量完成APEC、"9·3"阅兵等重大活动气象保障服务；注重改革创新，绩效管理、社会管理、环境气象、防灾减灾等工作，近8年连续入选全国气象部门创新工作。河北气象部门在全国气象部门年度综合考评中始终保持着特别优秀单位称号或优秀单位等次，在代表气象综合水平的观测、预报、影视服务三大全国业务竞赛中连续数届获团体第一或第二名，保持了第一梯队位置。

70年来，河北广大气象工作者经历了前所未有的严峻考验，战胜了前所未有的巨大挑战，尤其是近年来，在2009年特大暴雪以及2012年和2016年特大暴雨灾害抗击中，在北京奥运会、残奥会以及APEC会议等一系列重大气象保障服务中，河北的出色表现，可以说，就是70年来所取得成就的集中体现。

70年春风化雨，写满艰辛；70载沧海巨变，来之不易。《新中国气象事业70周年·河北卷》分为七大部分内容，通过一组组摄影作品，记录了河北气象事业的发展历程，呈现了历代河北气象人的精神风貌，展现了诸多河北气象工作成就，融综合性、真实性、科学性和权威性于一体，具有一定的收藏价值。

河北省气象局

2019年12月

目 录

- 总序
- 前言
- 领导关怀篇 ... 1
- 公共气象服务篇 ... 15
- 现代气象业务篇 ... 57
- 气象科技创新篇 ... 89
- 党建和精神文明建设篇 ... 115
- 气象管理体系篇 ... 143
- 开放合作篇 ... 153

领导关怀篇

　　1954年，隶属于河北省军区的河北省气象科改建为河北省气象局，标志着河北省气象局正式成立。河北省气象局自1954年成立以来，管理体制几经调整，办公地点多次迁移，20世纪80年代初至今，实行气象部门和地方政府双重领导，以气象部门领导为主的管理体制。在中国气象局和省委省政府的坚强领导下，一代代气象人践行初心使命，不畏艰辛，拼搏进取，河北气象事业实现了从无到有、从小到大、从弱到强的历史跨越。

地方领导关怀

河北省委省政府高度重视气象工作,深入落实气象部门双重管理体制,完善保障机制,夯实了河北气象事业发展基础。历任领导的亲临指导,激励着全省气象干部职工不忘初心、牢记使命,在服务人民、服务地方经济发展中建功立业。

1990年2月20—23日,河北省气象工作会议在石家庄召开,副省长张润身(左三)到会看望全体会议代表并讲话,会前听取省气象局党组汇报

1994年6月2日,省人大常委会副主任周欣(左二)到省气象局视察

1995年4月18日,副省长顾二熊(前排左四)慰问人工影响天气(简称"人影",下同)作业飞机机组人员

◀ 1996年2月9日，副省长陈立友（右）听取气象工作汇报

◀ 1998年2月24—26日，全省气象局长会议在石家庄市召开，副省长郭庚茂（左四）出席会议并讲话

1998年，副省长杨迁（左）听取省气象局副局长安保政汇报抗震救灾气象服务工作

1999年，省长钮茂生（右二）到省气象局视察

◀ 2009年11月11日，省委常委、省纪委书记臧胜业（左二）到省气象局指挥调度暴雪气象服务工作

◀ 2010年5月21日，省委副书记、省长陈全国（左一）听取省气象局关于农业气象工作情况的汇报

◀ 2011年2月9日，春节长假后的第一个工作日，河北省副省长沈小平（左二）专门听取省气象局关于当前旱情分析预测和气象工作汇报，强调要加强旱情监测预报，为抗旱工作提供科学决策依据

2011年2月18日,副省长沈小平(前排左三)在省政府副秘书长曹振国,省发改委、财政厅相关同志陪同下,到省气象局调研指导抗旱服务和气象工作

2011年3月8日,中央纪委驻中国气象局纪检组组长、局党组成员刘实(左),到河北省气象局检查指导工作,并与河北省委常委、省纪委书记臧胜业(右)会面

2011年3月25日,省委副书记付志方(左二)到省气象局视察

◀ 2012年8月1日，省政协主席、党组书记付志方（前排左一），副省长沈小平（前排左二）到省气象局检查天气预测预报和防汛工作

◀ 2013年7月10日，省长张庆伟（前排右二）到省气象局检查指导工作，听取大气监测、预报预警业务系统等工作汇报

◀ 2014年9月20日，省政协副主席段惠军（前排左二）、曹素华（前排左一）一行到省气象局视察督办省政协2014年1号提案

2015年6月15—16日，省长张庆伟（前排右二）在崇礼县（今张家口市崇礼区）进行"三严三实"专项教育蹲点调研时，视察了该县的部分气象观测站点

2016年6月29日，省长张庆伟（右二）、副省长沈小平（右三）到省气象局指挥调度防汛工作

2018年6月28日，省长许勤（右二）、副省长时清霜（右一）到省气象局检查汛期服务保障工作

中国气象局领导关怀

70 年来，河北气象事业取得的辉煌成就，得益于中国气象局的坚强领导，得益于一代代气象人持之以恒的不懈奋斗。中国气象局历任领导对河北气象工作的关怀和期望，是全省气象部门干部职工拼搏奋进的不竭动力，是推动河北气象现代化又好又快发展的力量之源。

▲ 1959 年 11 月 5 日，省气象局刘占先（二排左四）参加全国群英大会，受到中国气象局领导接见

1995年11月24—29日，中国气象局局长邹竞蒙（右三）在河北视察，省长叶连松（左一）陪同视察

1997年8月13日，中国气象局局长温克刚（中右）到涿州市气象局视察

2007年1月22日，中国气象局局长秦大河（左）到河北视察，并与省委副书记、省长郭庚茂（右）会见

◀ 2013年6月3日，中国气象局副局长宇如聪（左三）到国家级飞机人工增雨和科学实验石家庄基地视察

◀ 2014年6月4日，中国气象局局长郑国光（右三）到省气象局视察

◀ 2015年2月12日，中国气象局副局长于新文（左三）看望慰问阜平县气象干部职工

◀ 2015年5月12日，中国气象局副局长矫梅燕（左一）到中国气象局气象干部培训学院河北分院视察

▲ 2017年1月23日,中国气象局局长刘雅鸣(右二)到河北省怀来县气象局视察

▲ 2018年8月3日,中国气象局副局长余勇(左二)在河北视察气象工作

▲ 2019年10月17日,中国气象局党组成员、副局长沈晓农在保定市气象局调研"不忘初心 牢记使命"主题教育开展情况

公共气象服务篇

河北省气象部门始终坚持以人民为中心的服务宗旨,保安全、惠民生、助经济、促生态,服务供给提质增效,服务红利惠及人民群众和各行各业。

气象防灾减灾

新中国成立以来，河北气象防灾减灾能力不断增强，为经济社会发展筑起一道安全屏障，全省气象灾害直接经济损失占GDP比例平均值由20世纪的3%下降到2019年的0.066%。特别是党的十九大以来，河北省气象局以习近平总书记关于防灾减灾救灾重要论述为指导，认真贯彻落实中国气象局党组关于加强气象防灾减灾救灾工作的总体部署，结合河北气象防灾减灾救灾工作实际，立足新时期气象防灾减灾工作大局，持续深化河北特色气象灾害防御体系建设。

河北省气象灾害防御体系

气象灾害监测预报预警体系

1. 研发智能观测APP，实现全社会海量采集气象监测数据
2. 研发了20余类社会信息数据共享共联的"气象灾情监测与综合数据管理平台"
3. 研发了以灾害防御基础数据库和高精度地理信息为支撑的气象灾害防御指挥系统
4. 统筹全省气象、水利、环保、交通、安监等部门9500多个监测站点数据

预警信息发布体系

1. 建成了以省突发事件预警信息发布系统为核心的综合预警信息发布体系
2. 建立了直连省级移动通信运营商的预警手机短信全网发送"绿色通道"
3. 面向各地气象灾害防御重点人群建立了自动"叫应"制度
4. 建立了逐小时提供监测预报信息的贴身决策服务机制

气象灾害风险防范体系

1. 印发《气象灾害普查办法》，开展气象灾害信息普查统计
2. 建成36类116种灾害数据库，出版全国首部《气象灾害风险图集》
3. 联合金融保险机构探索建立了灾害风险保险分担转移机制
4. 气象灾害防御内容纳入各级党校（行政学院）教学计划
5. 开展气象灾害防御科普活动

气象防灾减灾救灾组织责任体系

1. 气象防灾减灾纳入政府《部门职责和工作活动清单》
2. 全省各级政府常态化印发《公共气象服务白皮书》
3. 省政府连续8年对市县政府开展气象防灾减绩效管理

气象防灾减灾救灾法规标准体系

1. 建立"3法规5规章1预案14地标"的气象灾害防御法规标准体系
2. 出台了暴雨、雷电、暴雪等7个灾种的防御办法
3. 组织多部门联合开展"双随机"执法常态化检查

公共气象服务篇 | 河北

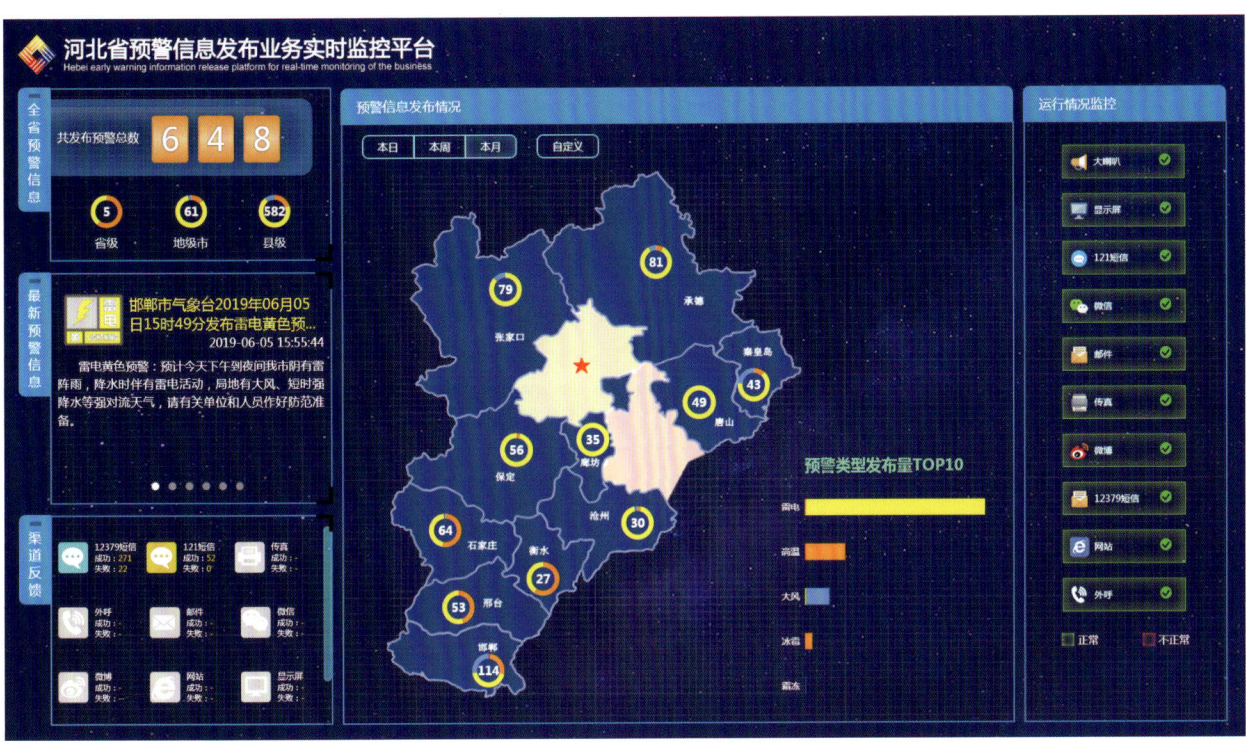

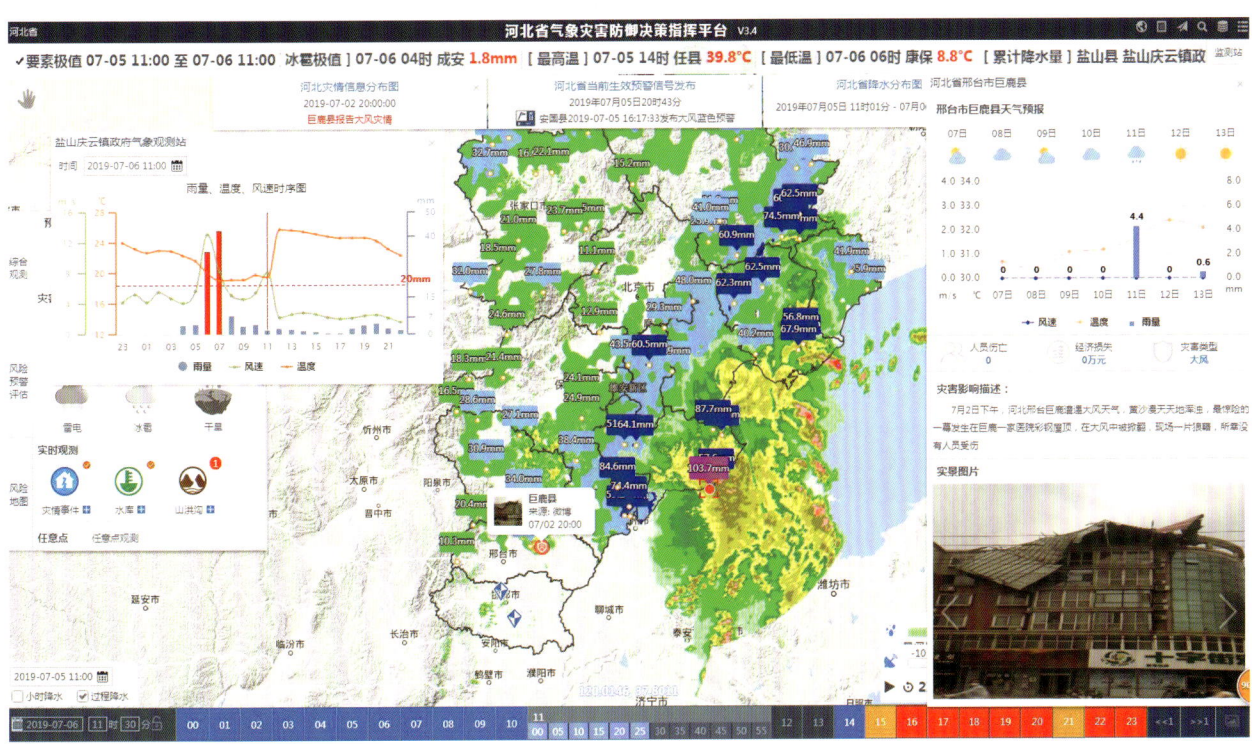

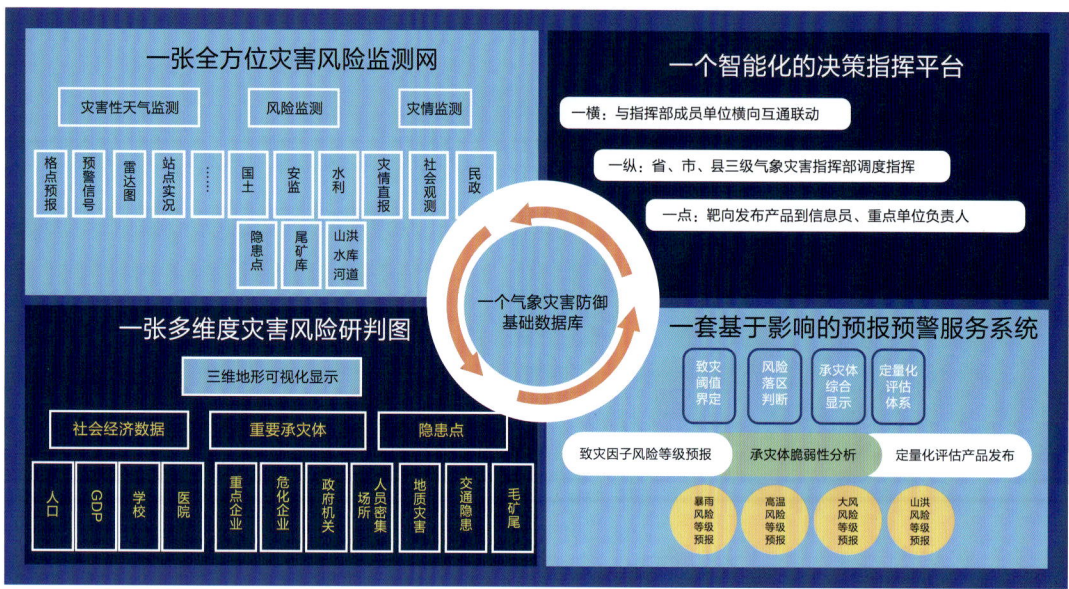

▲ 目前运行的河北省气象灾害防御决策支撑平台

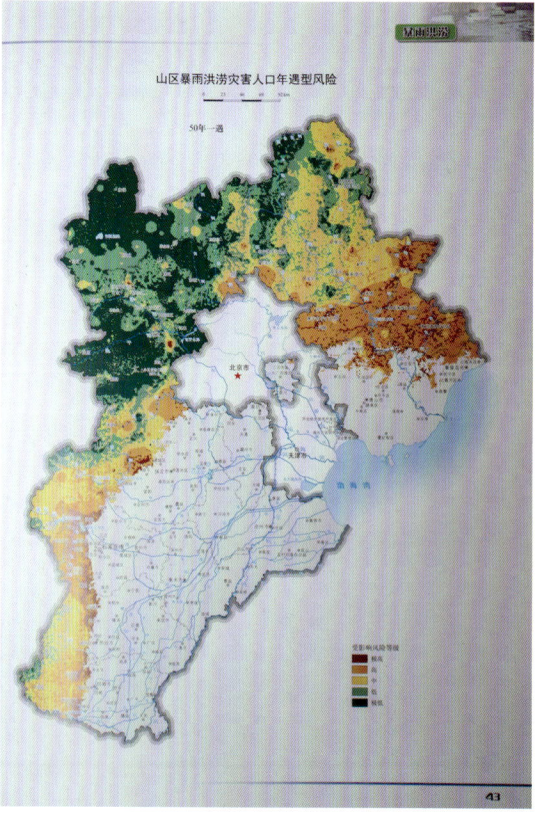

▲ 2018年出版的《河北省气象灾害风险地图集》

▲ 2011年4月12日，秦皇岛市抚宁县和青龙县交界处突发森林火灾，省气象局局长姚学祥向省长陈全国（前排右二）汇报火点监测情况

▲ 2012年3月20日，承德市人大常委会副主任李相国（右三）在市气象局视察气象灾害防御工作部署情况

◀ 2014年7月15日,河北省承德市与辽宁省朝阳市、内蒙古自治区赤峰市气象部门召开气象灾害区域联防工作会议,三地气象部门就做好区域内灾害性天气联防工作进行深入研讨

◀ 2018年7月,邯郸市气象局连夜与河北省气象台加密会商,全面分析台风"温比亚"带来的影响

◀ 2018年7月23日,河北省气象灾害防御指挥部办公室组织各成员单位对台风"安比"可能造成的影响进行会商研判

2002年12月,邯郸市邱县气象局开展人工增雪作业缓解旱情

2013年4月,飞机增雨作业人员在调试碘化银发生器

◀ 2014年,廊坊市气象局工作人员为气象防灾减灾示范乡镇安装气象信息显示屏

◀ 2015年5月6日,临城县发生风雹灾害,河北省气象灾害防御中心技术人员赶赴现场开展灾情调查

公共气象服务篇 **河北**

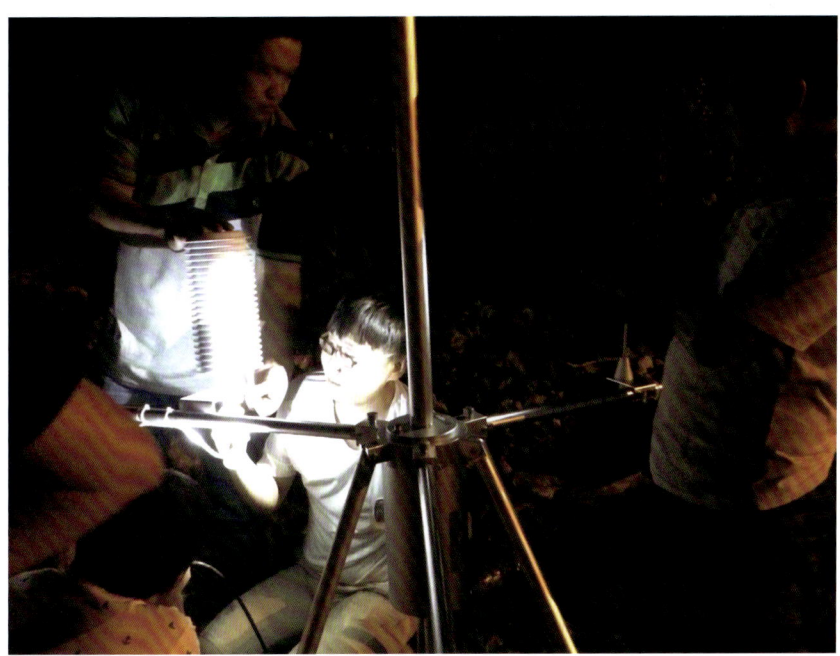

▶ 2015年6月7日，武安市气象局为森林草原扑灭火服务

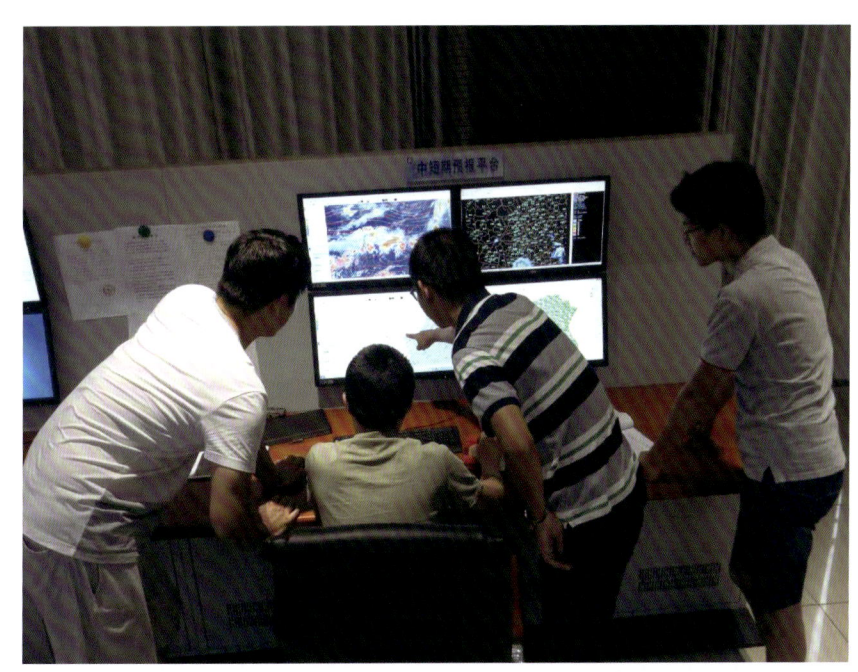

▶ 2016年7月18—20日，邯郸市迎来一场自1955年有气象记录以来强度最大的降雨天气过程。图为7月19日彻夜无眠的邯郸市气象预报员正在研判天气形势

2017年6月19日,香河县气象局工作人员在田间地头向农民发放气象专报,提醒注意麦收期间天气过程

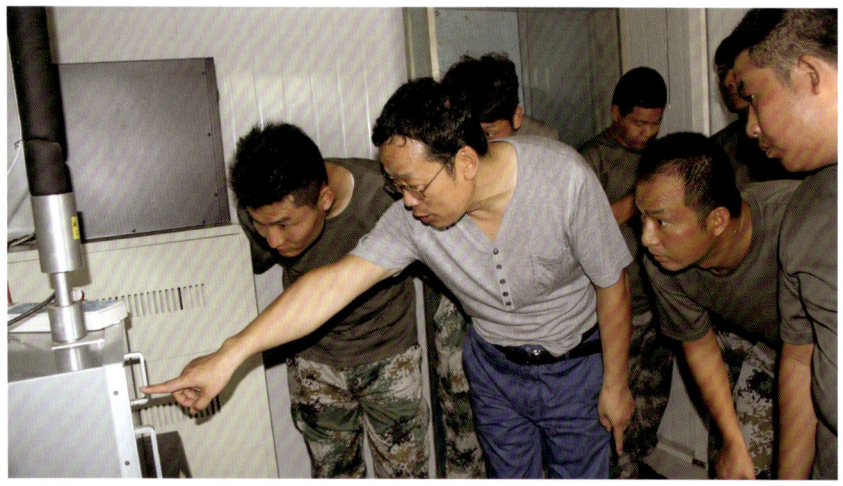
2017年8月,邯郸武警支队走进市气象局,学习防灾减灾知识

2018年6月28日,在内丘县石盆村,省气象灾害防御指挥部组织暴雨气象灾害应急演练,图为演练现场中山洪灾害危险区域群众有序转移

公共气象服务篇 **河北**

▶ 2018年9月，在涿州市兰家营村，人影作业炮手开展增雨作业

▶ 2019年5月24日，安新县气象局组织开展灾害性天气应急演练

▲ 2014—2015年，河北省气象局面向全省172个县（市、区）的政府主管领导分三批举办了气象灾害防御专题培训班，图为2015年12月3日，培训班组织学员前往涿州市气象局进行现场教学

▲ 2018年5月19日，河北省气象灾害防御中心主任陈小雷为顺平县数百名扶贫干部讲授气象灾害防御知识

▲ 2018年10月26日，邯郸市气象局与市应急办、民政局、水利局、国土局联合举办气象协理员（信息员）培训班

▲ 2019年4月，廊坊市大厂回族自治县气象局为陈府镇气象信息员开展气象知识培训

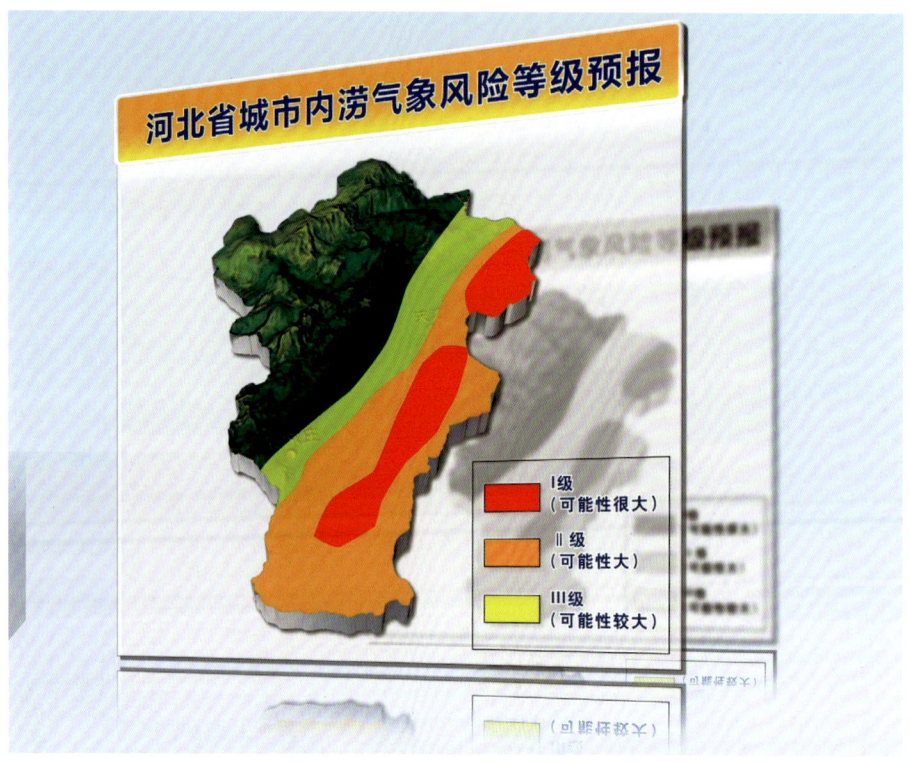

河北省城市内涝气象风险等级预报

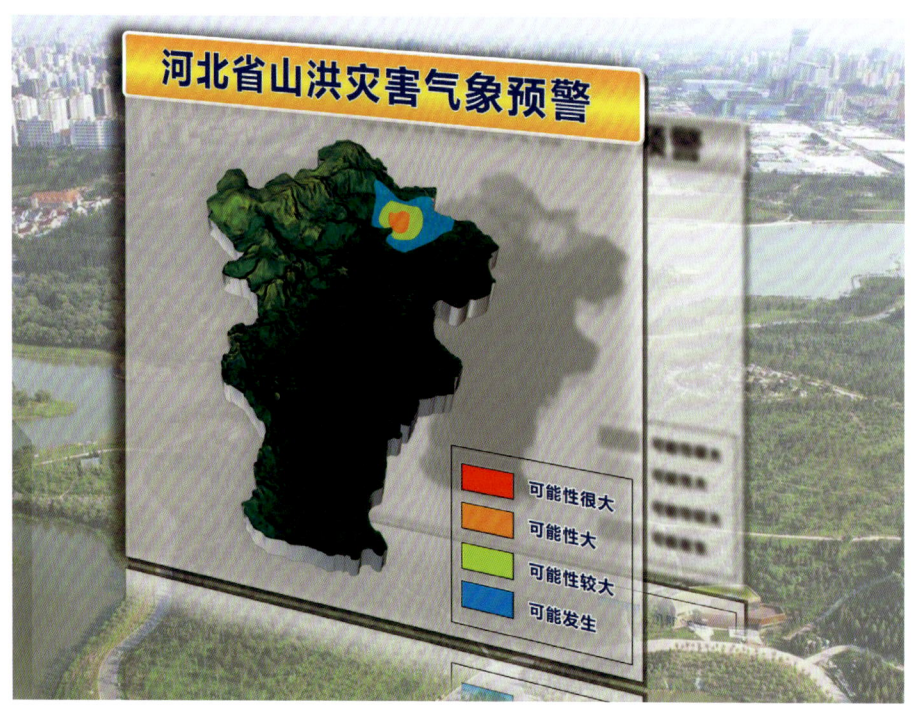

河北省山洪灾害气象预警

公众气象服务

　　1956年,毛泽东主席指出"要把天气预报常常告诉老百姓"。1956年8月,河北电台播出天气预报信息。1956年9月1日,《河北日报》首次刊登天气预报。1988年,天气预报节目开始在河北电视台播出。70年来,为不断满足人民日益增长的美好生活需要对气象服务的需求,全省气象部门不断丰富服务产品,创新服务手段。公众气象服务云平台60多种服务产品自由获取,电视气象节目日播38套,电台节目辐射15省41市,气象新媒体服务直接受益人群超1.3亿,"冀望风云 燕赵科普行"惠泽燕赵民生,人民群众对气象服务的获得感显著增强,国家、省重大活动保障坚强有力。

◀ 1990 年，河北省电视天气预报主持人首次出镜

◀ 2009 年，省气象局开通"96121"气象短信业务

◀ 2010年，廊坊市气象局工作人员为河北省第十三届运动会提供气象服务

2012年,河北省邢台市安装气象警报接收机

2016年,保定市气象局工作人员为首届河北省旅游产业发展大会提供气象服务

2016年,河北省、市气象联动,为唐山世界园艺博览会提供气象服务保障

◀ 2016年11月,河北省气象服务中心利用"河北天气"微博,在寒潮天气到来之际开展"寒潮直播",并与网友互动

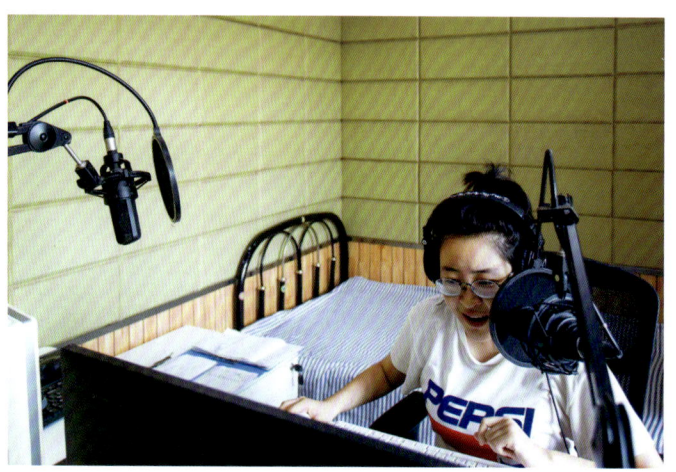

◀ 2018年,省气象局开通了电台连线节目"小涡气象",截至2019年年底,电台直播连线节目覆盖15个省,41个电台频率,全国听众超过6000万

◀ 2018年2月,张家口市崇礼区气象局工作人员在检修位于2022年冬奥会河北赛区核心场馆的自动气象观测站

2016年，邢台市气象局工作人员为绿色太行国际公路自行车赛提供气象服务

2019年1月，河北省气象部门开展春运天气线上直播

2019年，衡水市气象局工作人员为衡水湖国际马拉松赛提供气象服务保障

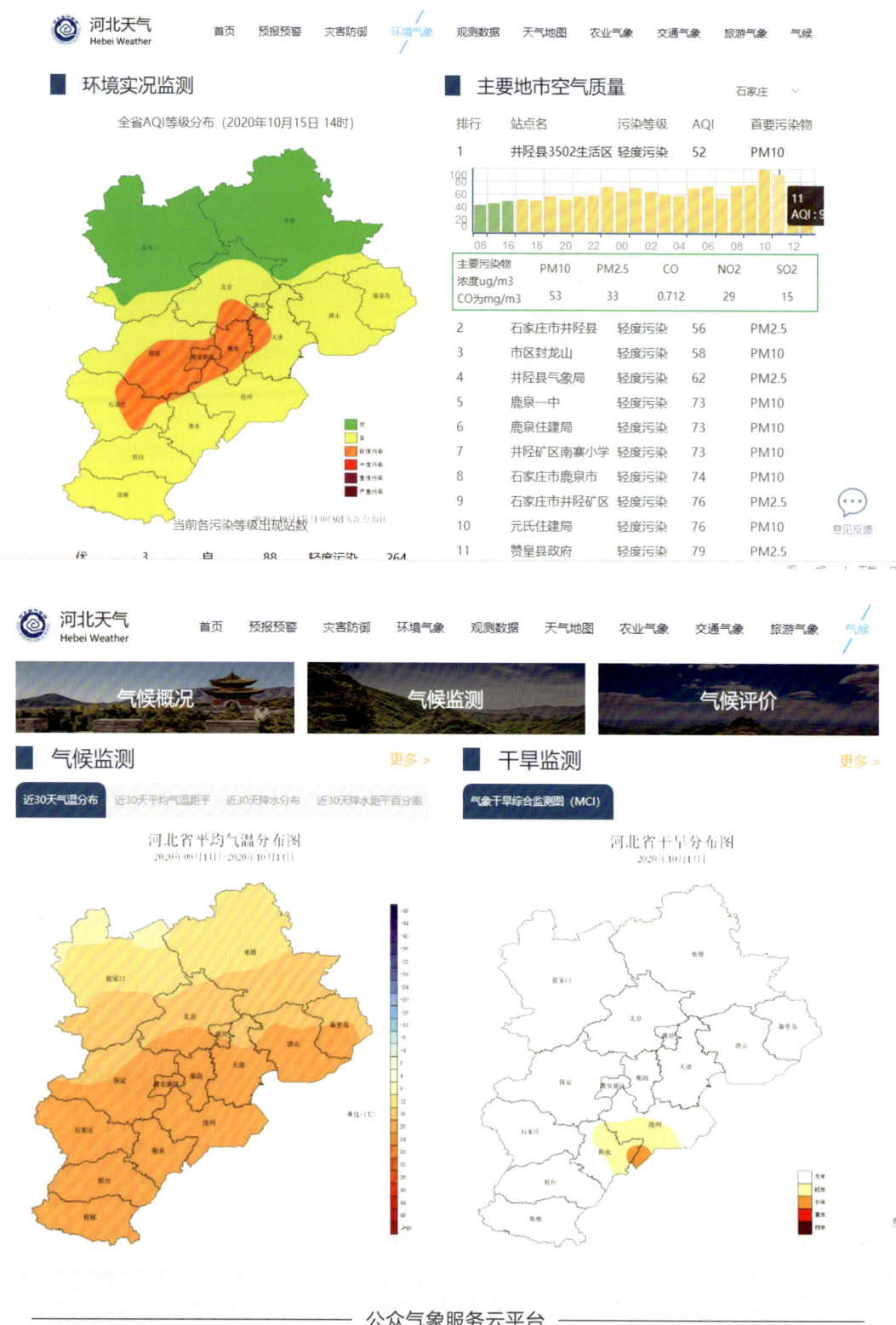

▲ 2016年9月，"河北天气"微信公众号推出河北赏红叶专题，为公众出游提供指南

◀ 2019年5月，石家庄市气象局针对公众开展樱桃采摘期预报

河北省气象局研发的预报预警平台"冀天在线"

行业气象服务

改革开放以前,河北省面向行业的气象服务主要有气候分析、气象资料检索等。改革开放以来,根据不同行业需求,专项气象服务得到快速发展,服务涉及电力、能源、交通运输、海洋、农业等多种行业领域。

◀ 2014年5月,唐山市气象局工作人员到中石油冀东油田志达公司对接气象服务需求

◀ 2014年,省气象局防雷检测人员在石家庄地铁施工现场开展检测工作

▲ 2015年7月,河北省气象局与省电力部门就南部电网气象服务进行交流座谈

▲ 2017年,河北省行政技术服务中心与邯郸供电公司开展专业服务对接

2017年，河北省气象服务中心工作人员开展路面温度观测试验

2017年，省气象局在旅游景区启动"云端网眼"工程建设

2017年7月17日，河北省唐山市曹妃甸区气象台业务人员到曹妃甸港口公司集装箱码头了解服务需求

 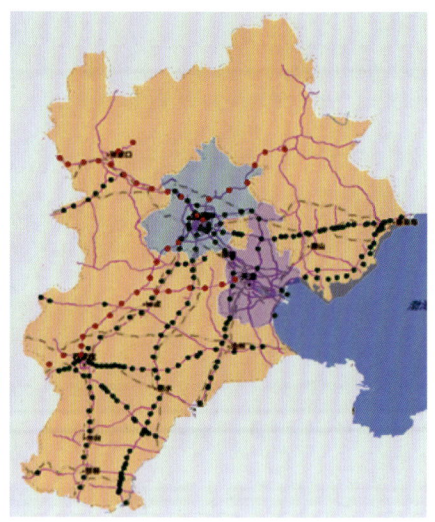

▲ 2018年，河北省气象服务中心在朔黄铁路沿线完成40套自动气象站建设

▲ 河北省交通气象监测站网布局示意图。截至2019年年底，河北省建成交通气象监测站187套

◀ 2019年4月3日，唐山市气象局工作人员安装船舶自动气象站

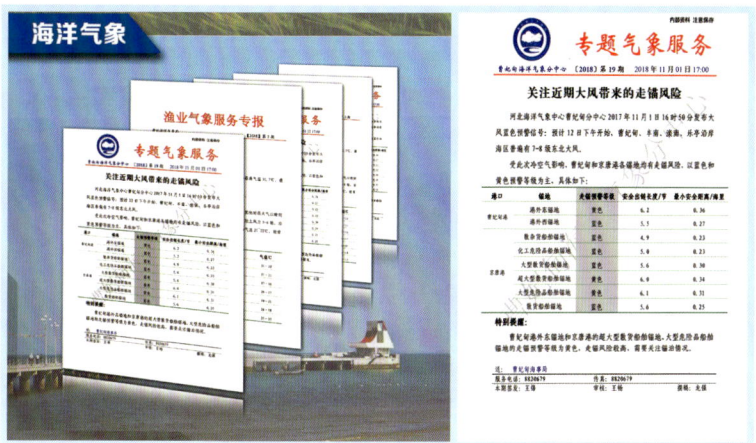 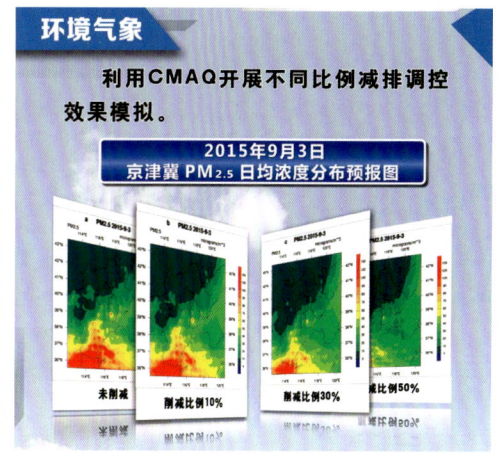

▲ 海洋气象预报产品　　▲ 利用CMAQ制作的PM$_{2.5}$分布预报图

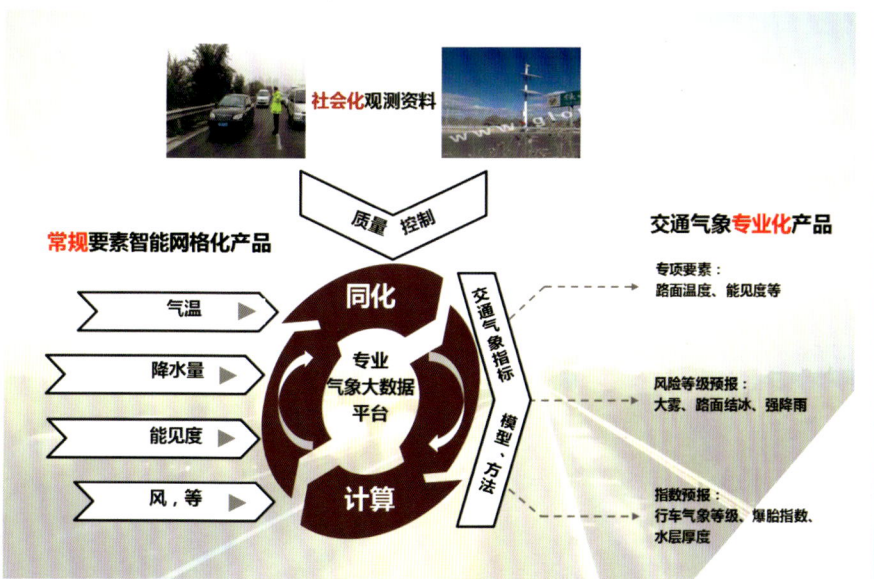

▲ 交通气象专业化产品　　▲ 渔业气象预报产品

气象助力乡村振兴

河北省自然资源优越,地形地貌多样,气候资源丰富,是世界公认的优质奶源区、葡萄种植黄金带和落叶果树最佳适生区,是我国粮食主产区之一。全省气象部门立足质量兴农、品牌强农,深化合作,突出技术创新,建成11个省级农业气象分中心,形成了"一中心、一团队、一基地、一体系、一平台"的农业气象服务模式,充分发挥省气候资源优势,服务农业增产、农民增收、农村发展,"三农"服务步入现代化发展快车道。

1957年,石家庄市农科所农气站全体工作人员合影

20 世纪 50 年代,河北省气象部门开展春季防霜冻实验

20 世纪 80 年代,邯郸农业气象工作人员查看农作物长势

20 世纪 80 年代,河北省农业气象工作人员开展林果气象条件研究

▲ 20世纪90年代，河北省气象科学研究所工作人员考察林果长势

▲ 20世纪90年代，河北省气象科学研究所工作人员在塞罕坝机械林场考察

公共气象服务篇 河北

▲ 2006年11月，省气象局工作人员到田间地头查看小麦长势情况提供为农服务

▲ 2008年8月，省气象局组织召开"环渤海飞蝗气象监测预警技术推广应用"课题进展情况协调调度会。该研究成果于2010年获得河北省科技进步三等奖

▲ 2010年4月，河北省气象科学研究所通过在温室设立小气候观测站和黄瓜生长监测仪，研究低温寡照灾害监测预警评估技术

▲ 2011年，蔚县气象局联合县烟草公司实地调查烟叶长势

▲ 2013年，河北省气象科学研究所启动了"华北日光温室小气候资源高效利用技术研究"项目。图为技术人员在温室查看农作物长势

▲ 2014年6月,邢台市气象局业务人员到乡镇田间开展麦收气象服务

▲ 2017年,河北省气象科学研究所承担了"不同小麦品种对干热风的抗性差异及响应机制和小麦—玉米重要农业气象灾害预警平台"研究项目。图为该所科研人员在麦田观测气象数据

▲ 2017年,唐山市气象局与省农业科学院滨海农业研究所联合开展农业技术研究。图为市气象局在试验基地建设气象观测设施

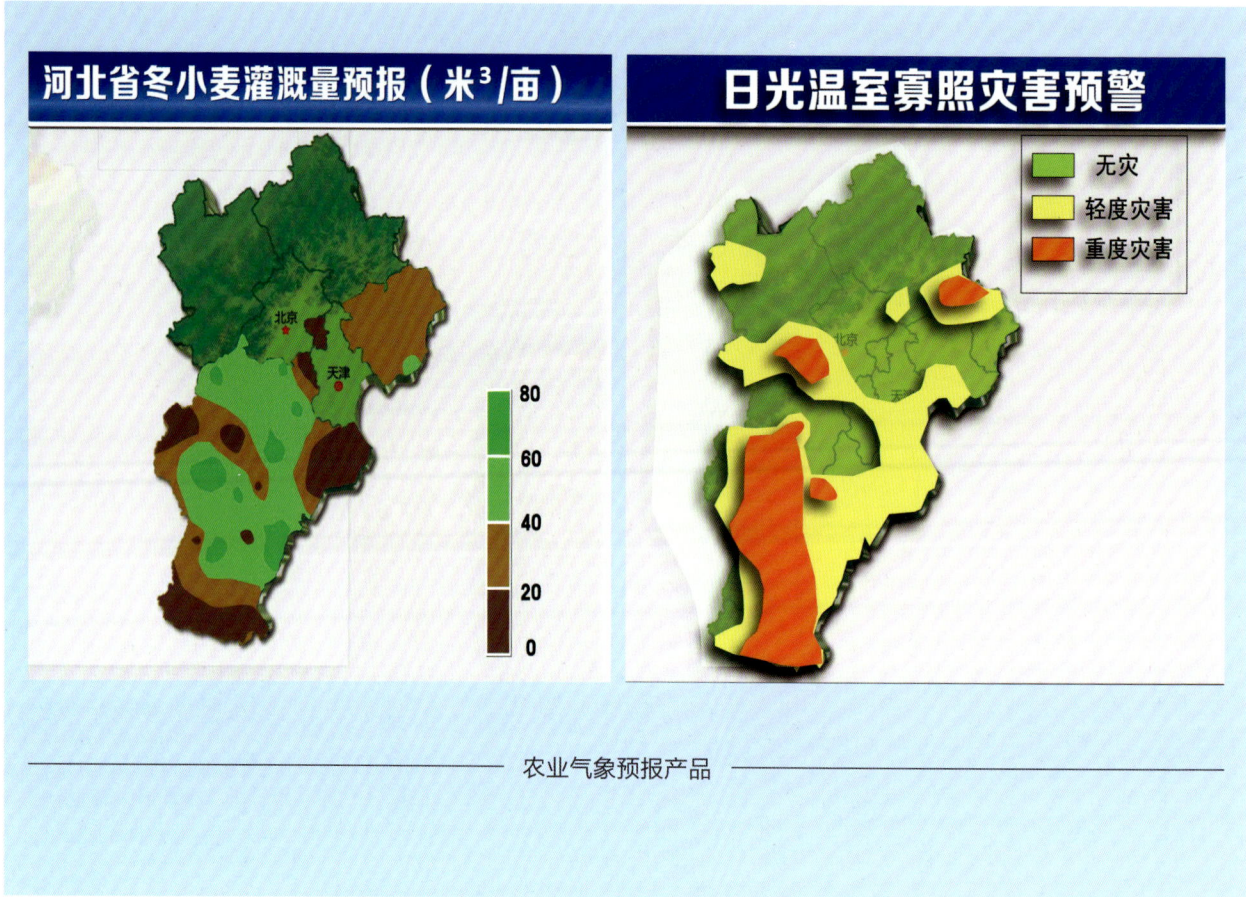

农业气象预报产品

2017年7月,秦皇岛市气象局工作人员深入卢龙县酒葡萄种植园区查看酒葡萄病虫害情况

省气象局在饶阳县农气试验站建设的大型蒸渗仪

2017年10月,河北省滨海农业气象中心在唐山挂牌成立

◀ 2017年，在省气象局的帮助下，张家口市康保县北郝营村利用气候资源发展光伏扶贫

◀ 2018年8月，省气象局驻村扶贫工作人员在康保县帮助当地调整农产品种植结构，带动农民增产增收

◀ 2019年9月10日，河北省气象局召开农产品气候品质认证座谈会，并为河北省首批"气候好产品"授牌

生态气象保障

党的十八大以来，生态文明建设被提升到前所未有的战略高度，河北省气象部门发挥气象预报预测、气象防灾减灾、应对气候变化、开发利用气候资源等职能，在生态文明建设总体布局中发挥着基础性科技保障作用。河北省不断加强环境气象预报预警能力建设，加快推进环境气象监测数据共享平台和雾霾中长期预报系统建设，研发环境气象智能评估系统，在削峰降污、精准治霾中发挥重要作用。

◀ 经河北省气象局批准，2009年9月，首钢京唐钢铁联合有限责任公司在企业院内建立了岸基无人值守自动气象站

◀ 2015年开始，河北省环境气象服务中心开始联合市县气象局开展"不同天气类型边界层$PM_{2.5}$垂直探测试验"，借助系留气艇将气象环境要素探测设备输送到高空，对1500米高度以下的$PM_{2.5}$浓度和温度、气压、湿度、风向风速等气象要素进行探测

▲ 2017年11月,石家庄市气象局承担的"重污染天气预报预警及减排调控气象评估技术研究"项目荣获石家庄市科学技术进步奖一等奖

▲ 2018年4月2日,唐山环境气象中心成立后首次赴市环保指挥中心调研

▲ 2018年7月25日,《白洋淀水生态修复人工影响天气服务保障工程实施方案》在保定市通过专家论证,河北省生态修复型人影作业建设正式起步

◀ 2018年秋冬季节，河北省环境气象中心开展无人机垂直观测试验，从08时至20时，每3小时一次，对大气边界层内的 $PM_{2.5}$ 质量浓度进行垂直观测，了解大气边界层 $PM_{2.5}$ 的变化情况

◀ 2018年9月26日，2018年"中国天然氧吧"创建活动发布会在北京钓鱼台国宾馆举行，围场满族蒙古族自治县等全国36个单位和地区获得"中国天然氧吧"称号

◀ 2018年10月，邯郸市气象、环保部门通过远程会商分析全市污染物扩散情况

2019年,中国气象局气象探测中心考察河北省生态观测站网建设

雄安新区千年秀林气象观测站

现代气象业务篇

气象现代化是一条兴业之路、希望之路。河北气象部门始终坚持气象现代化建设不动摇，谋发展、勇创新，对标监测精密、预报精准、服务精细，气象现代化建设取得跨越式发展。"一网""两池""四平台""多应用"的气象业务总体布局基本建成，覆盖天地空、涵盖国计民生各行业的近万套监测设备组网运转，智能网格预报业务实现 0~30 天及季年无缝隙覆盖；24 小时晴雨预报准确率 92.1%，灾害性天气预警信号准确率 85.4%，公众预警信息覆盖率达到 96%。

综合气象观测

新中国成立至 20 世纪 80 年代初，河北省气象观测数据只有高空天气情况与地面天气情况两种。如今，全省已建立地基、空基、天基相结合的立体化综合气象监测网，信息观测数据采集时间间隔达到秒级，观测数据实现了从定时到全天候、从人工到自动化的演变。

◀ 气象哨是气象部门建立的用于观测、监测天气和气候的基础设施。图为 20 世纪 50 年代，河北承德气象工作人员在气象哨开展日常观测

◀ 1954 年 5 月 13 日，承德市气象站全体工作人员合影

◀ 20世纪70年代，邯郸市峰峰矿区气象工作人员在观测场观测数据

◀ 20世纪70年代，河北省围场县气象局观测人员记录气象数据

◀ 20世纪70年代,河北省基层气象部门工作人员在进行气球测风

◀ 1976年,老一辈气象工作者在测量雪深雪压

◀ 1984年,承德市气象局为冰上运动会提供气象服务

现代气象业务篇 **河北**

▲ 现代化的邯郸市涉县气象观测场

随着经济社会的发展和气象科技的提高，河北省在原有国家气象观测站的基础上，陆续在乡镇、重点区域建设两要素或多要素区域自动气象观测站，同时针对各行业需求建起了农业气象观测站、气溶胶质量浓度观测仪、闪电定位仪现代化观测设备。全省各基层气象台站正从传统的人工气象观测业务为主向自动观测转变，各类现代化业务服务平台正替代传统业务方式。

位于永清县的多要素区域自动气象观测站 ▶

61

◀ 自动土壤水分观测站全景

◀ 永清县气象局现代化的业务平台

◀ 2004年7月，河北省首批温、雨两要素区域自动气象监测站在廊坊部分乡镇安装，此举可提高气象监测密度

2011年9月，临城县气象局在该县绿岭核桃基地建首个十要素自动气象站

2013年11月7日，唐山市曹妃甸区气象局在海事工作码头建成多要素自动气象观测站

◀ 2016年6月，位于石家庄的国家基本气象站大气成分观测系统投入使用

◀ 2018年，河北省气象部门在雄安新区建立梯度观测站点

利用闪电定位仪监测雷电发生情况,可为防雷减灾、防雷技术服务提供科学依据。图为建在永清县气象局院内的闪电定位仪

GNSSMET水汽站,是用于开展气候监测、天气预报的自动化设备

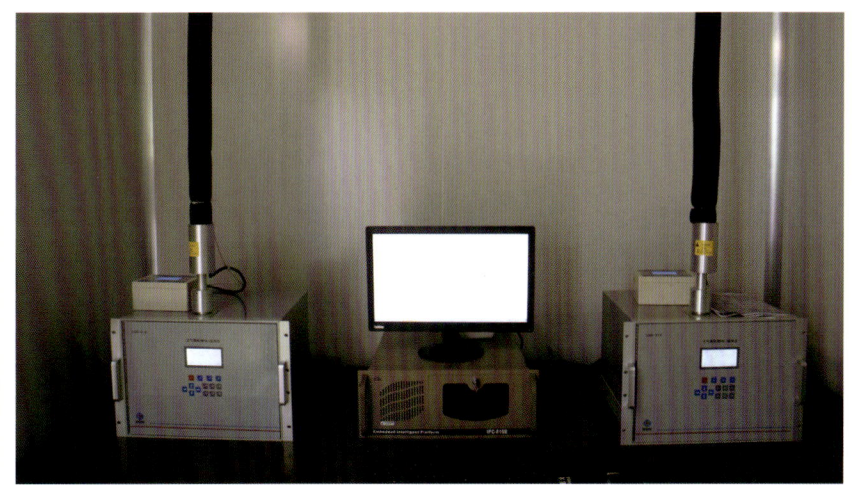

气溶胶质量浓度观测仪

1992年以前，河北省气象台有一台711型天气雷达，主要元器件为电子管，该型号雷达雨衰较大，适用于弱降水。1993年，713型天气雷达投入业务应用，为C波段，主要元器件为晶体管，适用于中等强度降水。1994年，河北省引进了南京十四所雷达资料数字化处理系统，采用磁盘存储雷达数据。2004年，石家庄新一代S波段雷达投入使用，主要元器件为集成电路，可用于强降水，除探测回波强度外，还可探测速度信息。目前，河北省已建成石家庄、秦皇岛、承德、张家口、沧州、邯郸6部新一代天气雷达，实现了数据流传输和每六分钟一次的全省雷达拼图。

▲ 河北省气象部门曾使用的早期型号雷达

◀ 2004年，新乐市气象局新一代多普勒天气雷达投入使用

◀ 2005年投入使用的张北县气象局多普勒天气雷达

◀ 2007年投入使用的卢龙县气象局多普勒天气雷达

◀ 2008年投入使用的承德市气象局多普勒天气雷达

◀ 2010年投入使用的张家口L波段探空雷达

◀ 2012年投入使用的沧州市气象局多普勒天气雷达

◢ 2014年投入使用的乐亭县气象局L波段探空雷达

◢ 2015年投入使用的石家庄国家基本气象站风廓线雷达

◢ 2018年投入使用的邯郸市气象局多普勒天气雷达

▲ 2018年9月，由唐山市曹妃甸区地方财政投资的新一代X波段天气雷达调试完毕并投入业务运行

▲ 执行人工影响天气作业的探测飞机

▲ 工作人员在邢台县皇寺镇大气探测基地施放探测气球

在气象遥感领域，河北省从 1980 年开始与北京、天津气象科学研究所联合开展冬小麦遥感估产试验研究，20 世纪 90 年代后期，河北省以冬小麦遥感估产方法为基础，开发了省、市、县卫星遥感监测、估产、服务系统。1996 年、2004 年，分别引进了"NOAA 极轨气象卫星接收设备""EOS／MODIS 卫星接收处理系统"，建立了基于网络技术的生态环境分析产品实时传输。2005 年，与北京大学合作，利用 MODIS 卫星资料，开展气溶胶厚度和 PM_{10} 空间分布遥感实验。在海洋气象观测领域，中国气象局投资在河北建立了大型海洋气象浮标观测站，除了常规气象数据，还可收集浪高、海水流速流向、海水温度和盐度等水文资料。

◀ 位于赞皇县气象局的风云四号气象卫星省级地面接收站

◀ 静止轨道气象卫星接收系统

▲ 2009年9月12日，由中国气象局投资建设的河北省首个曹妃甸大型海洋气象浮标观测站在曹妃甸海域成功投放，观测项目有风速、风向、气温、湿度、气压、能见度等气象要素和浪高、海水流速流向、海水温度和盐度等海上水文气象资料

▲ 卫星遥感海冰监测

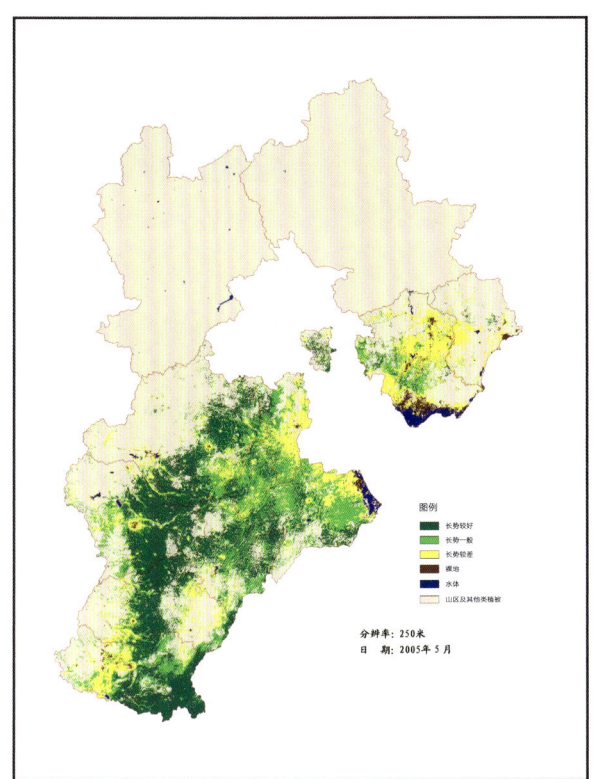

▲ 卫星遥感冬小麦长势动态监测服务

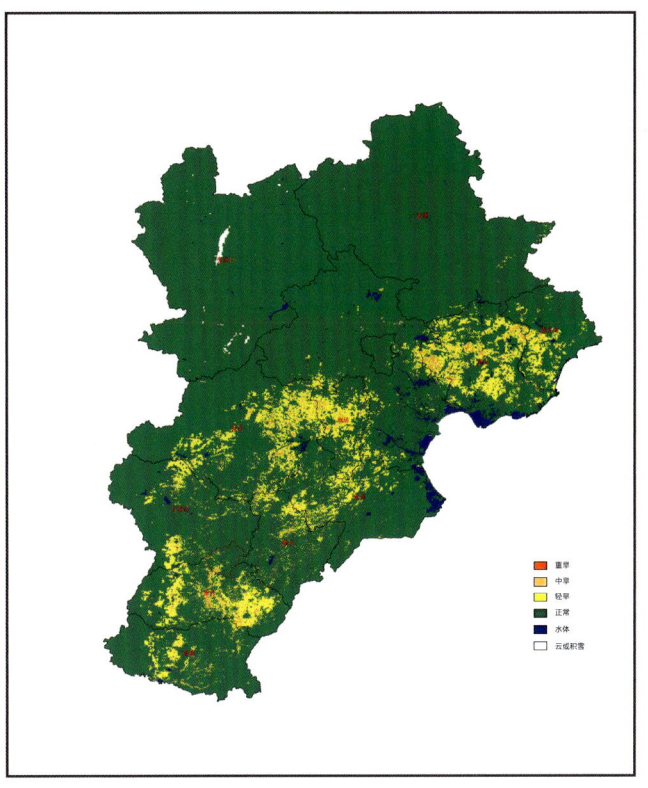

▲ 卫星遥感监测京津冀旱情

气象预报预测

20 世纪 50 年代，天气预报业务是由报务员手工抄收莫尔斯电码，再由填图员译、填在天气图上。70 年代末，发展到采用电传打字机可直接将气象电报打印出来，由填图员译、填在天气图上。80 年代中期，开始启用自动填图仪实现机器填图。经过 70 年发展，河北省在天气预报技术领域，实现了从手绘天气图到数值预报、从格点化预报到网格化预报，自动化和智能化水平真正实现了质的飞跃。

◀ 20世纪50年代制作的地面月报资料

◀ 1956年，承德市气象台预报员在会商天气

◀ 20世纪60年代，张家口市气象台工作人员在一起学习天气预报流程

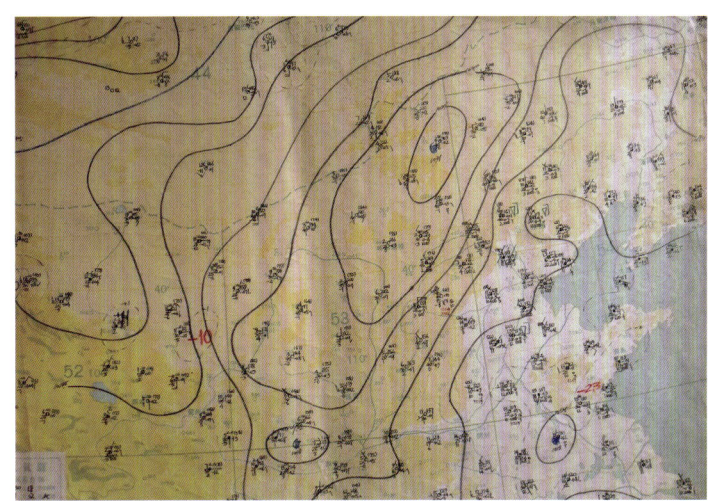

20世纪60年代制作的天气图

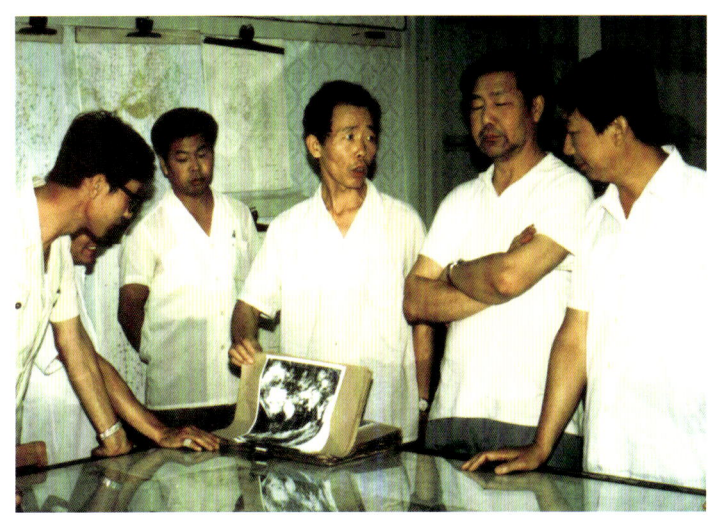

20世纪70—90年代，河北省气象台会商室

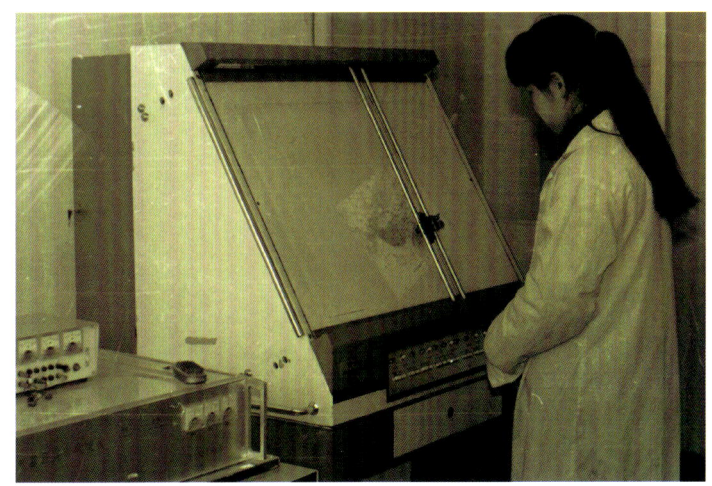

1985年8月9日，河北省气象台引进第一台XY自动填图仪，省气象台填图工作实现自动化

▲ 现代化的河北省气象台会商室

▲ 现代气象预报业务的人机智能交互功能

▲ 河北省气象台组织会商

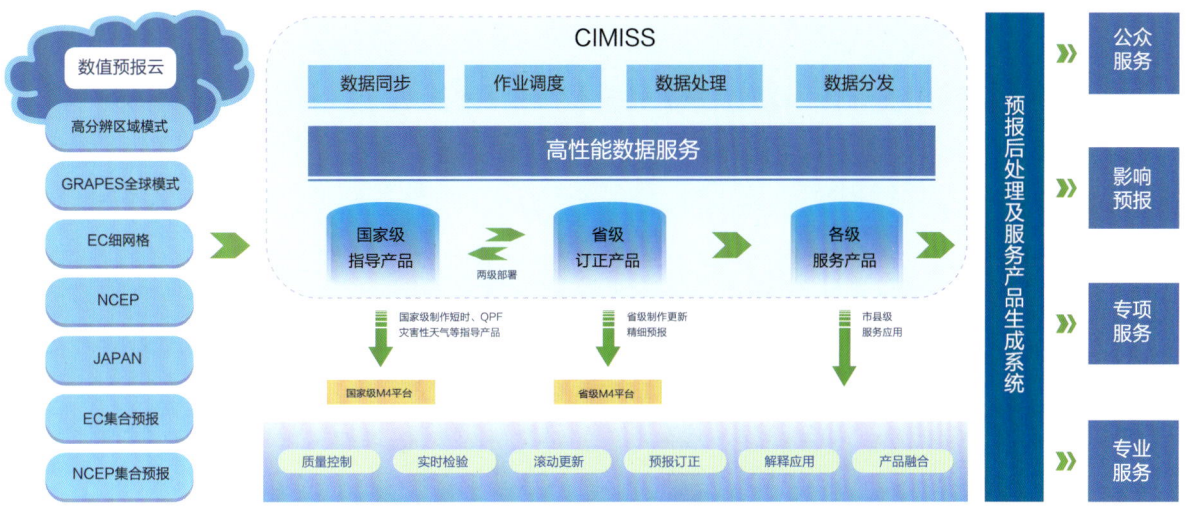

河北省目前运行的预报业务流程图示

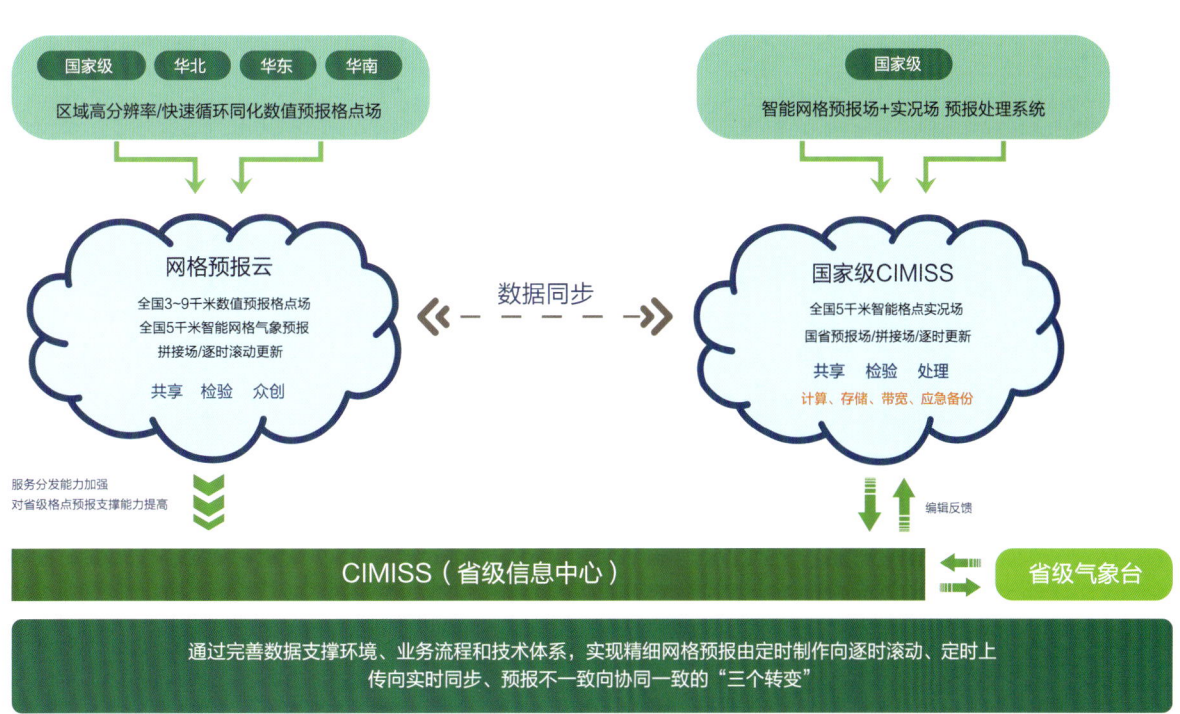

滚动制作、实时同步、协同一致的网格预报业务流程

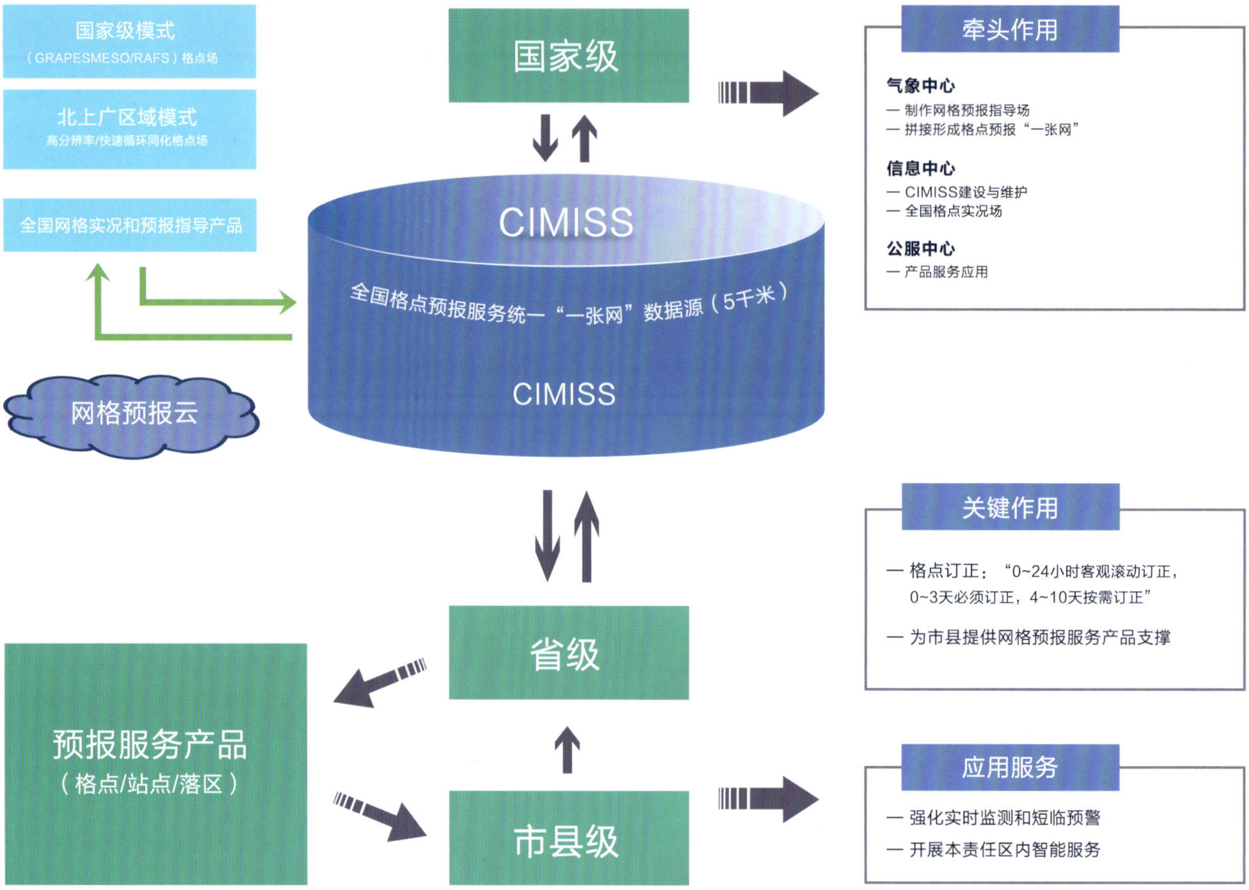

网格预报体系结构图

国家级模式
（GRAPESMESO/RAFS）格点场

北上广区域模式
高分辨率/快速循环同化格点场

全国网格实况和预报指导产品

网格预报云

CIMISS
全国格点预报服务统一"一张网"数据源（5千米）

国家级

牵头作用

气象中心
— 制作网格预报指导场
— 拼接形成格点预报"一张网"

信息中心
— CIMISS建设与维护
— 全国格点实况场

公服中心
— 产品服务应用

省级

关键作用

— 格点订正："0~24小时客观滚动订正，0~3天必须订正，4~10天按需订正"
— 为市县提供网格预报服务产品支撑

市县级

预报服务产品
（格点/站点/落区）

应用服务

— 强化实时监测和短临预警
— 开展本责任区内智能服务

"两级集约、三级布局"网格预报布局与分工已在河北全面实行

从站点预报向格点预报变革，河北省搭建了滚动更新、实时共享的精细化无缝隙智能网格预报业务。72 小时预报时效内的时间分辨率达到了逐小时、空间分辨率达到了 1 千米，覆盖 7 种常规气象要素 +N 种灾害性天气，构建了全省气象预报一张"网"，64 万个网格点预报全省覆盖。2016—2018 年，气候预测准确率逐年提高。2018 年，河北省月温度预报评分全国排名第五，月降水预报评分全国排名第八；24 小时河北省智能网格预报已经和同期城镇站点天气预报的准确率接近，且都比中央气象台格点指导预报准确率高；智能网格预报单轨运行业务得到中国气象局预报与网络司准入批复。

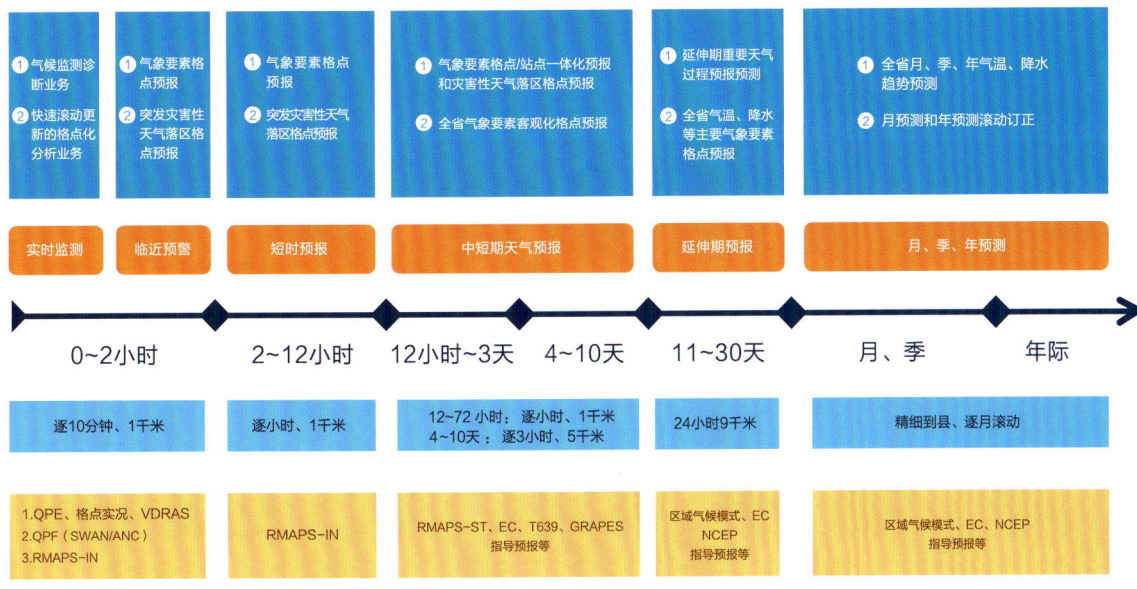

已正式运行的河北省无缝隙智能网格预报业务

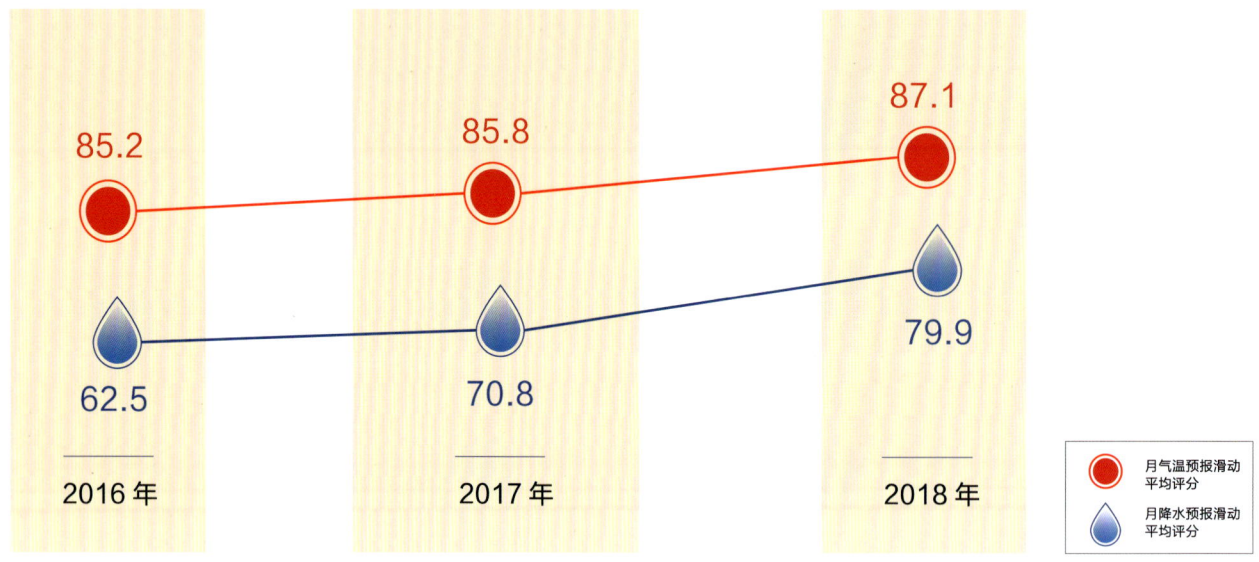

2016—2018年，河北省气候预测准确率（%）稳步提高，2018年河北省月温度预报评分全国排名第五

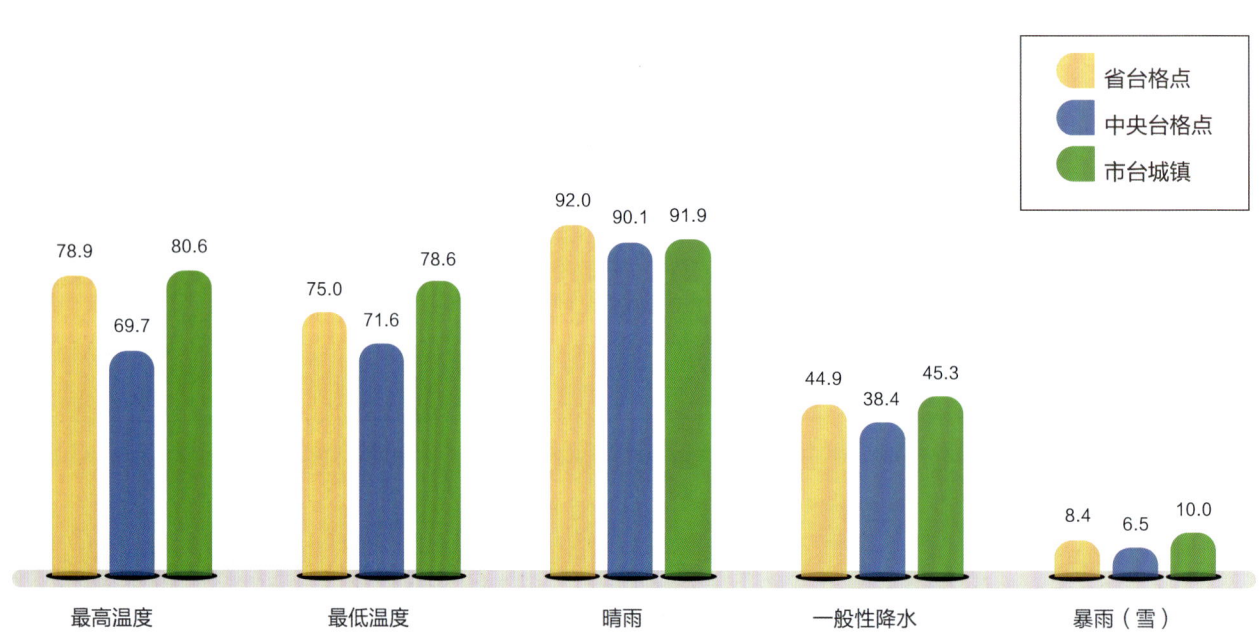

2018年，河北省24小时智能网格预报已经和同期城镇站点天气预报准确率（%）接近

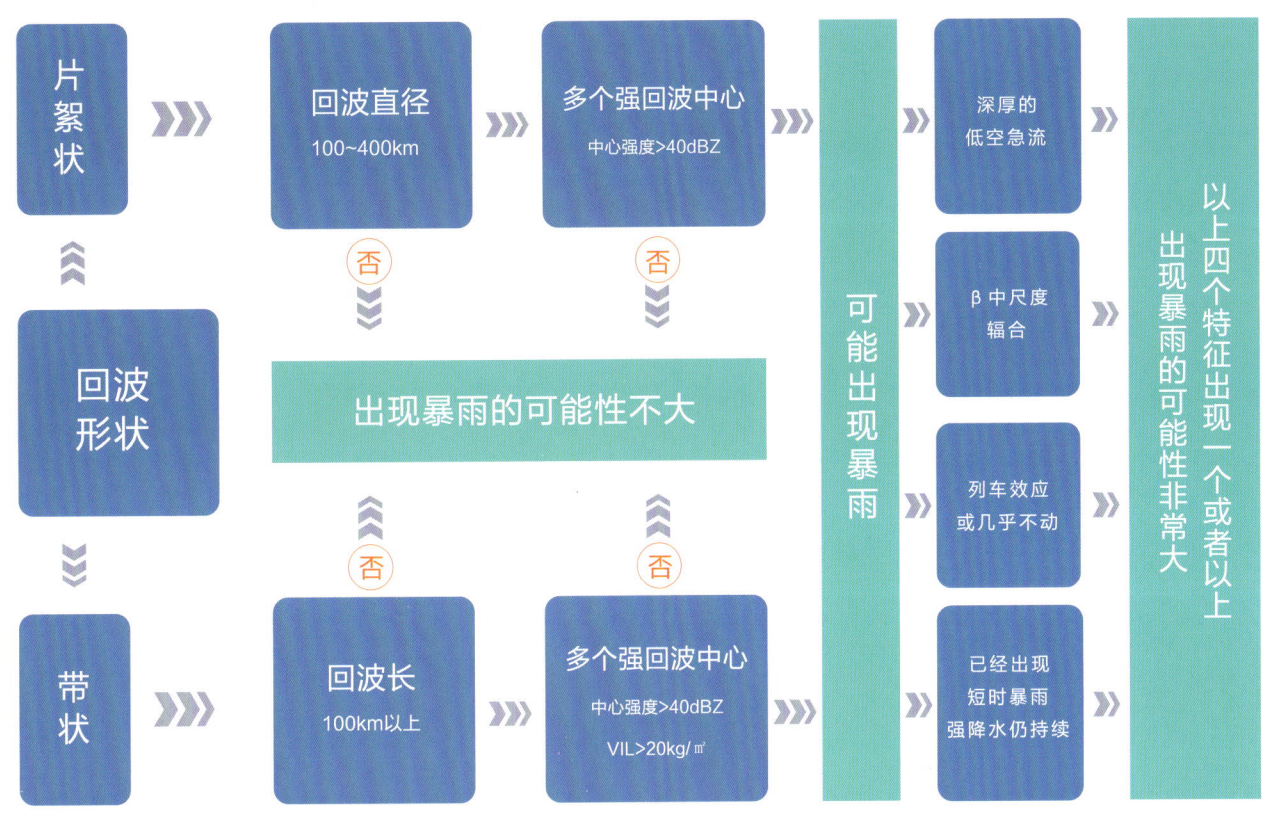

致灾暴雨多普勒天气雷达预警决策树图示

2013年编写的《阜平县气象志》（左图）

河北省软科学项目《海河流域历代自然灾害史料》（右图）

气象信息系统

改革开放初期,河北省气象数据传输采用电报和电话两种线路,由值班人员手工听报、抄报,将解码后的报文填在地面图上。1996年,河北省建成了卫星广域网、话音网、数据广播网、接收网、计算机局域网、CHINAPAC 地面迂回备份网和气象信息综合分析处理系统,建立了集中控制、分级管理的五级气象信息网络体系。进入21世纪,河北省又先后建成了地面气象通信宽带网络系统、新一代卫星气象数据广播系统(DVB-S)。气象通信能力更是有了突破性发展,通信速率由 2400～9600 比特/秒增至卫星单向广播 2 兆比特/秒和双向传输 512 千比特/秒。随着计算机技术在气象领域的应用,省气象局的计算机运算速度和存储能力从 20 世纪 80 年代的几兆,达到现在的 300 TB。

◀ 20世纪50年代,值班工作人员接收报文

▲ 1961年,河北省气象局报务训练班毕业纪念

▲ 20世纪70年代河北省廊坊市气象局通信机房

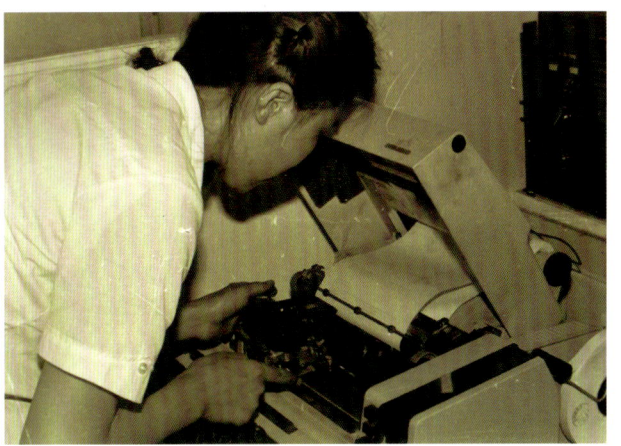

▲ 1985年,河北省气象台引进西门子-1000型电传机

▲ 20世纪80年代初期河北省气象台通信机房

▲ 河北省气象局机房现代化设备

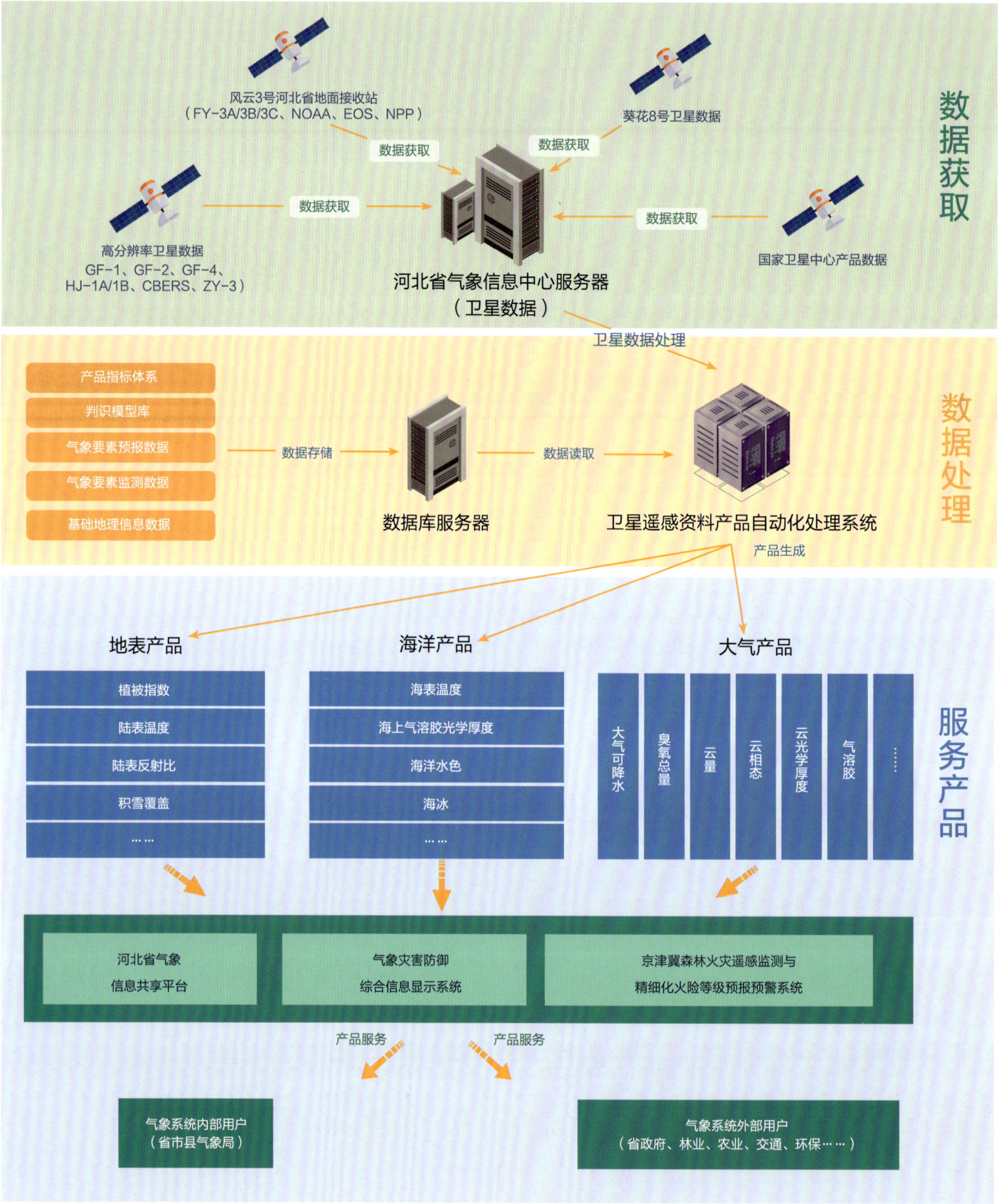

河北省卫星应用系统架构图示

河北省气象信息共享平台 V1.0 于 2014 年 7 月 25 日正式上线，V2.0 版于 2017 年 10 月 18 日上线。同时，各种观测资料处理平台也陆续建成，实现对全省 142 个国家级地面观测站、3000 多个区域站、170 多个土壤水分自动观测站、3 个探空站、20 个酸雨站、1 个国家级辐射站的观测数据统一管理。为保证气象部门和水文部门降水统计资料的一致性，开发了气象水文一张图，选取气象部门 142 个国家站、479 个区域站和 638 个水文站组成一张图。经过多年的建设，河北省气象数据环境已经成为河北省省市县三级气象部门获取气象数据的唯一权威来源，到 2019 年 6 月 30 日，数据接口访问量 5.61 亿次，共享平台累计访问量 161 万余人次。

▼ 2017年，河北省气象局开发了气象水文一张图，选取气象部门142个国家站、479个区域站和638个水文站组成一张图

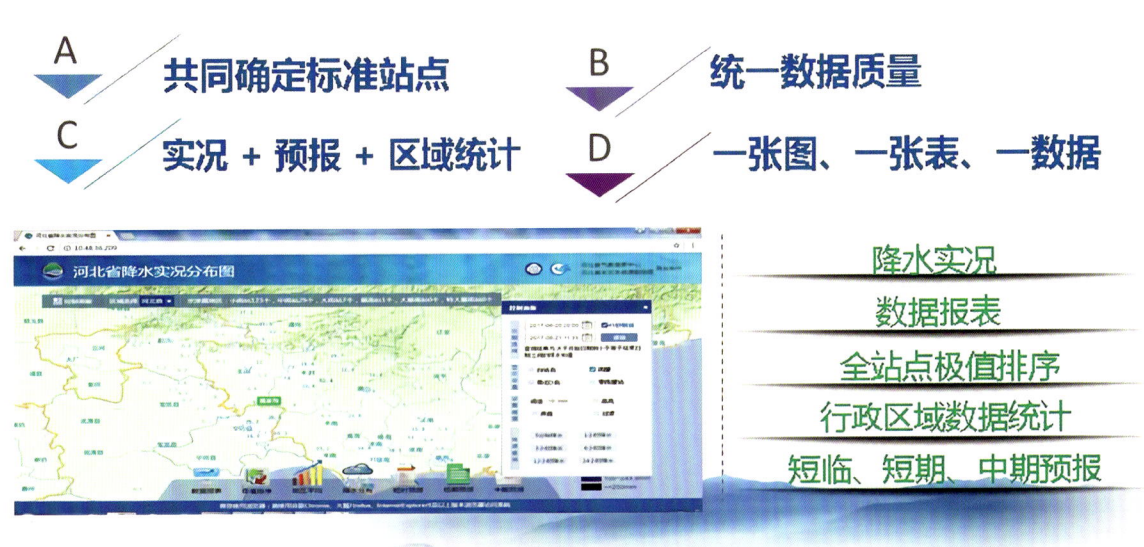

在气象资料整编领域,河北省先后编印了1961—1990年、1971—2000年、1981—2010年《河北省气候资料》,整编项目包括12个气象要素43个项目的累年值,181个项目的历年、月、旬及日的统计值,为方便使用,1981—2010年的《河北省气候资料》中还包括近十年各项目的统计值。

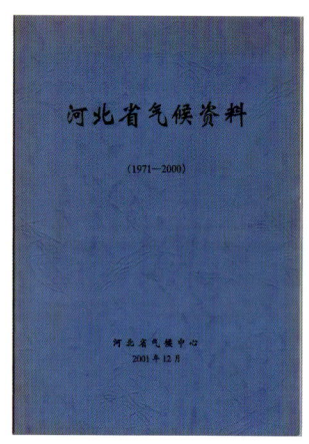

1985年建立了河北省气象档案馆,馆藏档案达到247872册,库房面积达到1400米²。2018年,河北省气象局启动数字气象档案建设工作,通过开发档案管理系统、重新定义档案业务、重构档案管理流程,实现气象档案数字化、智能化管理。数字气象档案馆极大提高了档案利用率,确保档案永久存储与安全保管,促进气象档案信息资源共享;推进档案资源存量数字化、增量电子化、利用网络化,提升以信息化为核心的档案管理现代化水平。

▲ 2018年,河北省气象局局长张晶(左一)到河北省气象档案馆调研

2018年年底，新建河北省数字气象档案馆完工，数字化的档案约12684500页，其中已完成扫描11778807页，约占总量的93%，数据量达到10076.759 GB。

气象科技创新篇

坚持科技是第一生产力、人才是第一资源、创新是第一动力不动摇,围绕机制保障出台了一系列制度措施,扭住核心技术攻关组建了一批创新团队,对标气象强省实施了一批重大科研工程项目,夯实人才基础搭建了五类人才发展平台,具有鲜明河北特色的气象科技创新和人才建设体系基本形成。

气象科技发展

新中国成立以来,河北气象事业在党的路线、方针、政策的指引下,坚持需求牵引,坚持面向气象科技发展前沿,在河北经济快速发展的基础上,经过气象人的艰苦奋斗,使河北气象现代化水平不断提高。

▲ 20世纪80年代,河北省气象部门开展湿度表检定

▲ 20世纪90年代,省气象局检定人员在风洞实验室进行试验

▲ 1997年,承德市气象局布设的210工程现代化办公系统

▲ 2003年3月25日,承德市气象局职工李国辉在南极中山站科考

▲ 2004年10月23日，我国开始了第21次南极科考，承德市气象局李国辉作为气象人员加入科考队，这是他第二次参加南极科考

▲ 2009年，邯郸市气象台预报员在订正不同的数值模式

▲ 2010年开始，河北省气象部门与河北工程大学联合开展环境气象服务研究。图为双方在邯郸市气象台交流环境气象相关业务

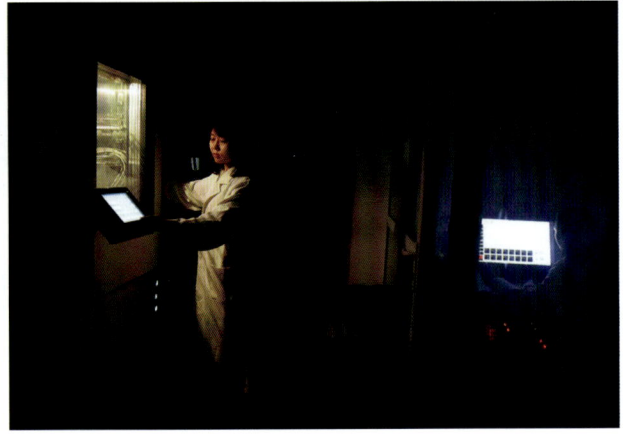

2015年，科研工作人员进行温度（左）和湿度（右）传感器检定

2018年7月，由河北省气象部门自主研发的"城市气象灾害智能监测站"首次在邢台布点测试，后又经过数次软、硬件升级，目前已实现可采集城市内涝、道路结冰、高温、降雨、城区大雾、能见度等数据。2019年4月，"监测站"入选中国气象局《2019年度省级观测装备与保障技术成果推广目录》。

气象科技创新篇 **河北**

双 75 立方米膨胀云室，可以实现温、压、湿等云物理参数控制，开展相应成云造雾实验和催化器气溶胶类实验

高速云雾风洞可以开展机载设备标定检测等实验

中国气象局飞机人工增雨和人工影响天气科学实验石家庄基地于2018年9月18日正式揭牌，基地集科研、装备、业务等为一体

▲ 2018年，科技部重点研发计划"科技冬奥"专项中的两个课题由河北省气象局承担。图为2018年12月20日，省气象局组织召开"冬奥赛场精细化三维气象特征观测和分析技术研究"课题启动会

▲ 2019年2月，河北省气象部门由河北海事局协助，首次在海上开展雾霾监测，此举是为加快发展河北省海洋气象业务，提高海洋气象观测整体水平和海洋气象服务能力。图为河北省气象科学研究所工作人员在船上调试观测设备

科技人才培养

多年来，河北省气象局树立科技和人才是推动气象事业发展的理念，创新工作思路，转变管理方式与建立完善制度。以重大项目和创新团队带动科技骨干人才成长，通过科研项目强化科技创新，科技创新孵化人才成长、提高人才水平。近年来，河北省气象部门创立了农业气象灾害监测预警创新团队、交通气象专业服务创新团队、强对流天气创新团队、环境气象创新团队等 9 个创新团队，确立了科技创新和人才培养优先发展的战略。以局校合作培养人才，鼓励首席预报员、正研级科研业务人员和专业技术人员到高校讲授气象类专业相关课程，并担任气象类专业研究生导师。高校安排专家、教授到河北省气象局承担教学、培训和技术指导工作，研讨相关课程设计，编写教学讲义。

▲ 1984年3月，河北省举办第一期气候培训班

河北省通过举办全省气象行业天气预报职业技能竞赛锻炼人才，到2019年，已经举办五届大赛。

气象科技创新篇 **河北**

2016年6月16日,河北省气象局举办第一届公文写作竞赛 ▶

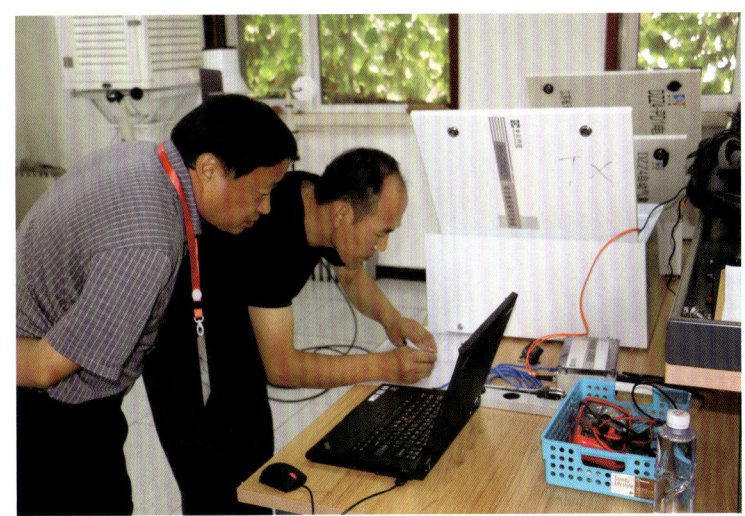

2016年8月24日,河北省举办第四届气象行业职业技能竞赛 ▶

2016年9月28日,邯郸市气象局职工、优秀业务青年代表张珺在中亚国际论坛作报告 ▶

◀ 2017年11月17日,河北省气象局首家职工创新工作室——河北省气候中心"暴雨洪涝风险评估"职工创新工作室成立

◀ 2018年,邯郸市气象局组织科研人员召开课题立项会

◀ 2018年,河北省科技工作者之家授牌仪式在秦皇岛举行

2018年11月2日，秦皇岛市气象局院士工作站正式揭牌，这是河北省气象部门建立的第一家院士工作站，院士工作站聘请了李泽椿、蒋兴伟、杨志峰三位中国工程院院士作为专家，三位院士将带领自己的团队和秦皇岛市气象局的科技队伍一起破解天气预报技术难题，常态化开展院士、专家座谈，拉近秦皇岛市气象局业务人员与前沿科技的距离，促进秦皇岛市气象科技人才队伍的建设。

▲ 2019年，秦皇岛市气象局职工创新工作室挂牌

北京携手张家口承办 2022 年冬奥会，为培养河北气象科技人才提供了难得的机遇，在河北赛区 36 名气象服务保障团队中，有 22 人来自河北省气象部门，从 2017 年开始，他们每年在崇礼、张家口、省气象台三地转场开展为期三个月的驻训，主要任务是观测赛场气象数据、分析赛场气候特点、学习山地气象学、模仿赛时气象条件做"百米""分钟"级的预报。

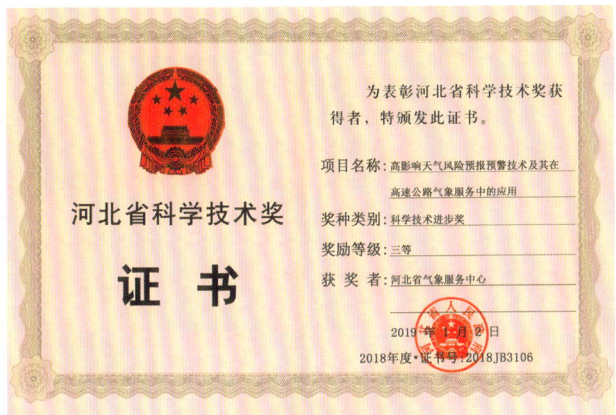

1. 姚树然是河北省气象科学研究所正高级工程师，十二届河北省政协委员，主要研究方向为农业气象灾害和病虫害，主持或主研国家级、省部级、公益性行业专项等课题10余项，主持或主研获得省级科技进步奖5项。2011年，姚树然获得国务院颁发的"全国粮食生产突出贡献农业科技人员"荣誉称号

2. 河北省气象部门承担的高速公路专业气象服务科技项目在2019年荣获河北省科技进步三等奖

3. 杨晓丽是河北省邢台市国家基本气象站地面观测员，在2013年第七届全国气象行业职业技能竞赛中荣获个人全能第一名，被授予"全国五一劳动奖章"

改革开放以来，河北省预报科研成果共获得省部级以上科学技术进步奖 20 余项。全国预报竞赛第三届、第四届、第六届全国气象行业天气预报职业技能竞赛，河北省分别获得团体第五、第二、第四，孙云获得第四届竞赛个人全能第一名，获得"全国技术能手""全国五一劳动奖章"。

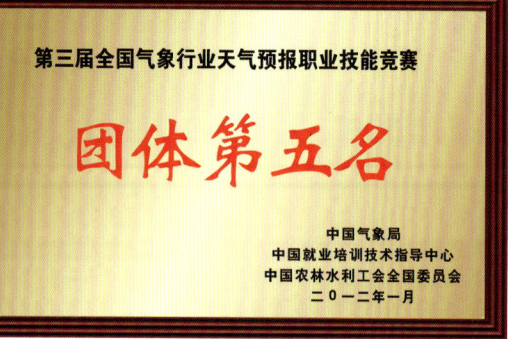

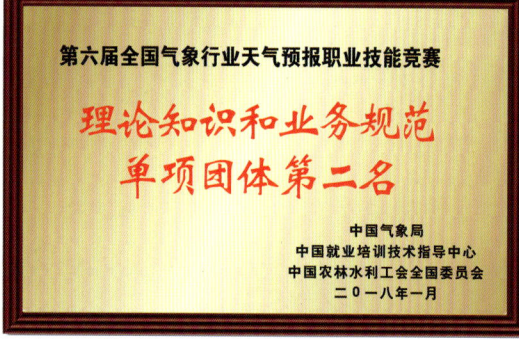

▲ 2018年,河北省在第六届全国气象行业天气预报职业技能竞赛中荣获团体第四名

2018年12月,在第十三届全国气象行业职业技能竞赛中,河北省气象局代表队获得团体第一名,包揽装备技术保障、监测预警服务和观测数据处理三个单项团体第一名。队员吴萍萍(后排右三)、王璐(前排右二)、罗晶(前排左三)分别获得个人全能第一名、第三名和第五名。

气象科学普及

气象科普工作在河北省气象部门历来受到高度重视。2000年以前，河北气象科普工作主要以世界气象日活动为主，开展形式相对单一，主要有发放科普读物，带领中小学生、社会公众参观各级气象部门。随着信息网络建设的进一步加快，气象科普活动也由单纯的线下活动拓展到了线上线下同时进行，除了传统的3·23世界气象日之外，近几年还增加了全国防灾减灾日、科技活动周等活动，气象部门参与全国性科普活动的机会大大增加。党的十八大以来，河北利用各种新技术手段，增加气象科普的趣味性，吸引更多的公众参与，是新时期气象科普工作的突出特点。

每年世界气象日，全省各级气象部门会向社会公众开放，邀请市民走进气象局，了解气象知识，感受气象魅力，主要活动包括带领公众参观气象影视演播大厅、气象台、气象科普设备等，以及观看相关主题科普短剧。

◀ 1987年，石家庄市槐北路小学到河北省气象局参观

◀ 1988年3月,河北省气象局首次开展世界气象日科普宣传活动

◀ 2002年5月18日,河北省第二届省会科技周开幕,省气象局工作人员在会上展示气象科普作品

◀ 2013年7月16日,河北省气象学会在"气象防灾减灾志愿者中国行"大型科普活动中,组织大学生志愿者走进邢台临城县石家栏村小学举行科普讲座

2014年3月22日,河北省首个在景区建设的气象科普馆——武安市气象科普馆向公众开放

2015年7月,河北省首个气象科普主题公园在唐山竣工

2017年2月,"魅力气象小主播"气象科普进校园活动走进石家庄市塔南路小学

1. 2017年,河北省气象局科普工作人员走进正定县为中学生发放气象科普读物

2. 2017年世界气象日,社会公众参观河北省气象台

1. 2017年全国科技活动周，河北省气象局科普工作人员走进社区普及气象知识

2. 2017年7月18日，河北省气象科普讲解员走进石家庄玛特幼儿园

3. 2017年11月，"魅力气象小主播"气象科普进校园活动走进石家庄市盛世长安小学，并在活动期间组织小学生进行气象观测设备模型拼图比赛

▲ 2018年，石家庄两所小学自筹资金安装校园气象站，小学生们组成气象兴趣小组，开展日常气象观测

▲ 2018年世界气象日，保定市气象局工作人员向中小学生讲解人工增雨原理

▲ 2018年世界气象日，河北省气象台预报员向小学生讲解天气预报制作原理

"冀望风云 燕赵科普行"活动是河北省气象局于2018年开始与省科学技术协会、省科学技术厅、省教育厅、省食品药品监督管理局、省地震局等共同举办的气象科普系列活动，该活动主要是为了全面提升社会公众的科学素质，使更多的社会公众参与科普，更加全面地了解和掌握气象、地震知识以及食品、药品安全知识等，切实提高全社会的科学素养和安全技能，形成鼓励创新、崇尚科学的良好社会氛围。活动采用线上线下结合的方式，包含科普讲解大赛、第二届气象主播大赛、科普情景剧等内容。

2019年3月19日,"冀望风云 燕赵科普行"本年度系列活动首站在巨鹿启动,省气象局副巡视员赵国石(左六)出席活动

2019年世界气象日,河北省气象影视主播向小学生们讲解"抠像"技术

2019年,河北省气象局科普工作人员蒋书文荣获"全国气象科普大使"称号

2019年世界气象日,中小学生们参观邯郸市气象科普馆

2019年世界气象日,张家口市气象部门走进农村,普及气象科学知识

2019年世界气象日,唐山市气象局工作人员向市民发放科普资料

党建和精神文明建设篇

改革开放以来，河北省气象局始终坚持强领导、重党建、促文明，从政治建设、思想建设、组织建设、选人用人、作风建设、纪律建设六个方面管起严起，不断提升河北气象部门党的建设的质量和效果。在基层党组织建设、规范党建活动、创新团队建设等方面取得显著成效。

党建工作

截至 2018 年年底,河北省气象系统党员人数 2319 人,11 个设区市气象局全部成立了机关党委,31 个县局成立党组;建有 193 个党支部,其中离退休党支部 14 个。河北省气象部门各级党组织通过举办各种形式的党建活动,不断加强党性教育。

◀ 2014 年 4 月 24 日,蔚县气象局组织党员干部观看影片《周恩来的四个昼夜》

◀ 2015 年河北省气象部门召开党风廉政建设工作研讨会

党建和精神文明建设篇 河北

2017年12月6日，秦皇岛市气象局党员到李大钊纪念馆参观学习，重温入党誓词

2018年6月26日，张家口市气象局机关党委联合定点帮扶的万全区龚南窑村党支部组织党员干部赴赤城县平北抗日根据地纪念馆参观学习

▲ 2018年11月23日,河北省气象灾害防御中心开展主题大讲堂活动

▲ 2019年4月2日,中国气象局党校河北分校教师受邀为邢台市直工委开展党性教育情景教学

▲ 2019年6月13日,省气象局组织离退休干部到雄安新区气象局参观调研

▲ 2019年6月20日,廊坊市气象局党员走进西柏坡红色革命教育基地参观学习

2019年6月27日,河北省气象局党组理论学习中心组(扩大)赴正定县塔元庄村开展"不忘初心,牢记使命"主题教育现场教学活动

2019年11月28日,省气象局党组书记、局长张晶为全体党员讲党课

精神文明建设

多年以来，河北省气象局高度重视精神文明创建工作，紧紧围绕社会主义核心价值观，打造气象文化品牌，提升精神文明建设水准，扎实推进全省气象文化和精神文明建设工作，为河北气象事业现代化建设不断提供强大的智力支持、思想保证及精神动力。

◀ 1984 年，河北省气象局组织团员青年开展义务劳动——为 711 测雨雷达刷漆

▲ 1985 年，河北省气象局职工业余体育活动

▲ 1986年，河北省气象局团员青年组织联谊舞会

▲ 1986年，为参加省直机关排球比赛，河北省气象局职工组队训练

▲ 1988年，河北省气象局表彰局直单位先进集体和先进个人

▲ 2009年，邯郸市气象局参加市级机关歌咏比赛

▲ 2010年9月，石家庄市气象局开展机关干部职工广播体操运动

◀ 2014年3月20日，在"中国梦·赶考行"汇报演出上，河北省气象局代表荣获演讲一等奖

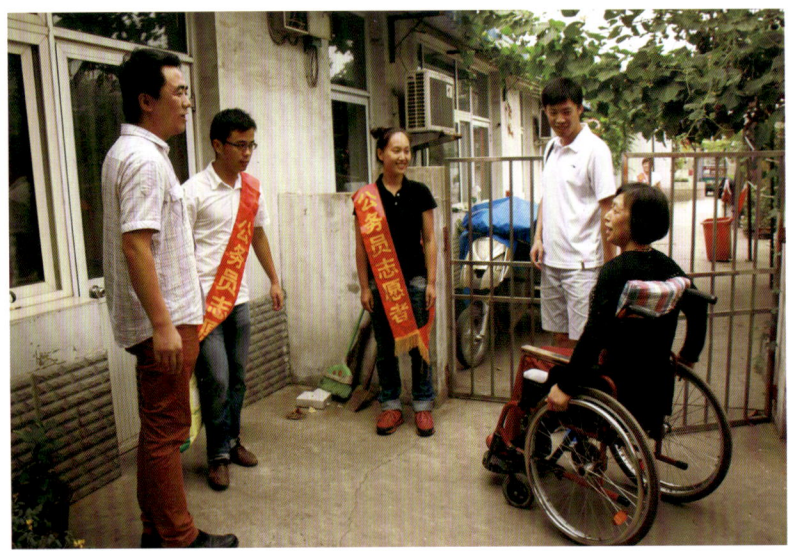

◀ 2014年8月27日，唐山市气象局志愿者慰问截瘫养老院老人

◀ 2014年10月14日，河北省气象局举办全省气象部门乒乓球比赛

党建和精神文明建设篇 | 河北

2015年,张家口市气象局召开七一歌咏会,庆祝建党94周年

2015年8月22日,河北省气象局参加省直机关纪念抗日战争胜利70周年合唱歌曲比赛

2015年,邯郸市气象局参加市直机关纪念抗日战争暨世界反法西斯战争胜利70周年歌咏比赛

◀ 2016年10月9日,廊坊市气象局组织离退休职工开展重阳节活动。图为退休职工参观固安县气象局党建室

◀ 2017年,河北省广宗县气象局在重阳节举行饺子宴为社区老人送温暖

◀ 2017年,秦皇岛市气象局参加"洗城行动"

2017 年,河北省气象局组织河北省气象部门男子篮球赛暨京津冀联谊赛

2017 年,河北省气象局开展迎十九大书画展

2017 年 5 月 10 日,唐山市气象局举办 2017 年第五期道德讲堂,邀请唐山市委宣传部副部长、文明办主任李丽在道德讲堂讲课

▲ 2017年5月27日，唐山市气象局学雷锋志愿者队伍在路南区金岸世铭社区开展气象科普宣传活动

▲ 2018年11月29日，中国农林水利气象工会水利气象工作部部长马华为河北省气象局环境气象职工创新工作室授牌，中国气象局直属机关工会主席郭战锋颁发证书

党建和精神文明建设篇 | 河北

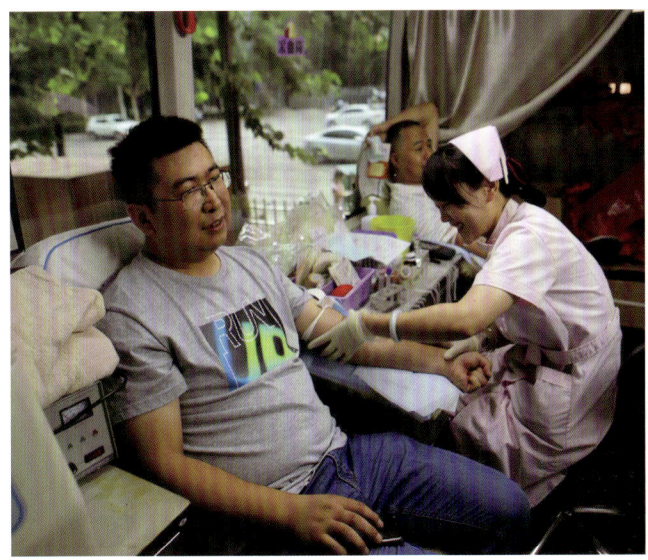

▲ 2018年7月25日，河北省气象局机关党委组织各党支部党员参加无偿献血

◀ 2019年1月25日，河北省气象局工会举办迎春拔河比赛

◀ 2019年5月18日，河北省气象局组织的"冀云杯"冀晋豫气象部门篮球友谊赛在石家庄举行

▲ 2019年5月6日，河北省承德市围场满族蒙古族自治县气象局吴萍萍（下图左五）在中国气象局举办的全国气象部门优秀青年（集体）风采展示活动中作事迹报告

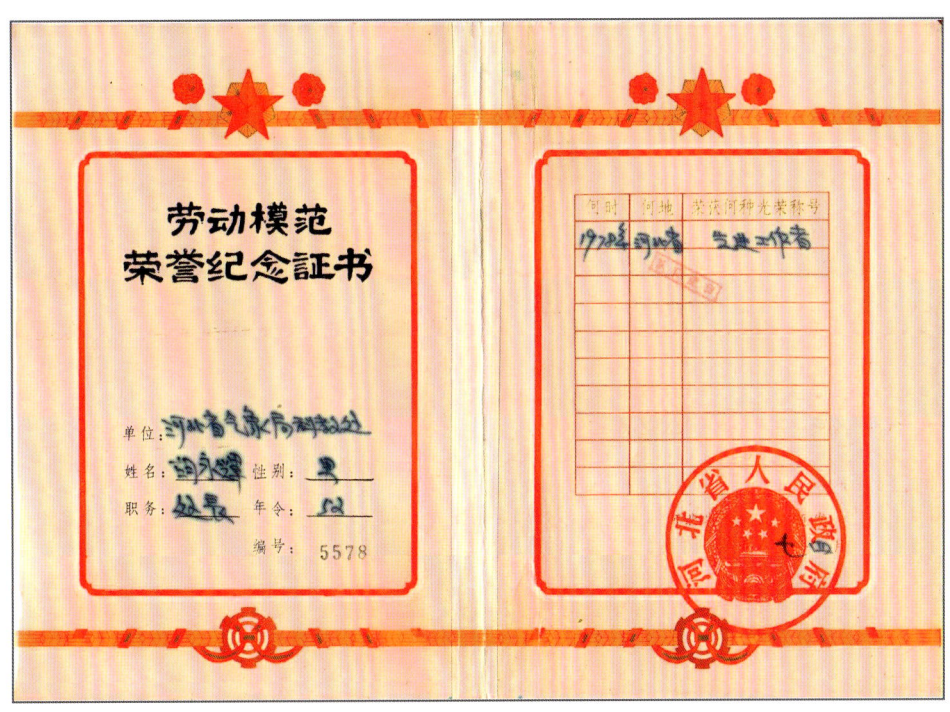

胡永辉——1978年河北省先进工作者（上图）
李啸泊——1979年河北省劳动模范（下图）

◀ 2016年12月12日，第一届全国文明家庭表彰大会在北京举行。河北省气象台郭迎春家庭荣获"全国文明家庭荣誉称号"

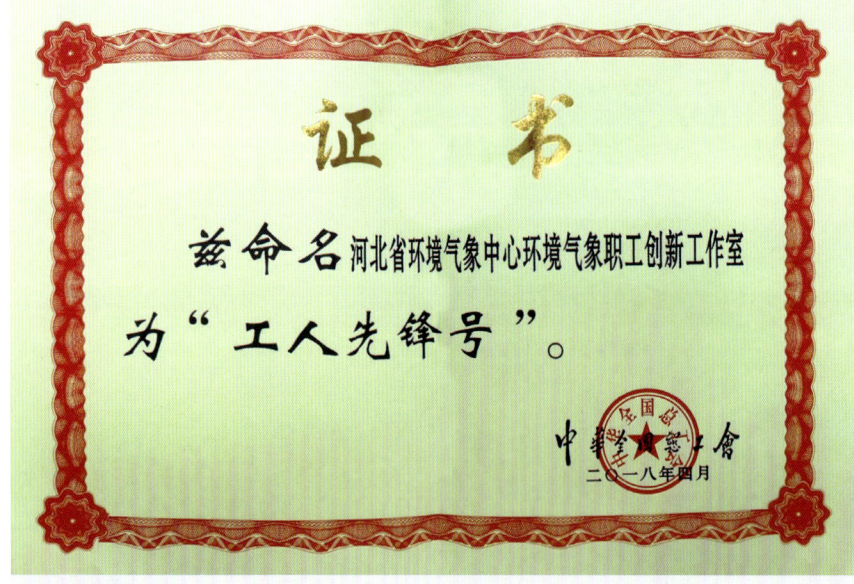

◀ 2018年4月，河北省环境气象中心环境气象职工创新工作室获得中华全国总工会命名的"工人先锋号"称号。工作室率先在国内利用卫星资料建立污染源逐月动态反演清单，显著提升了减排效果模拟评估的可靠性

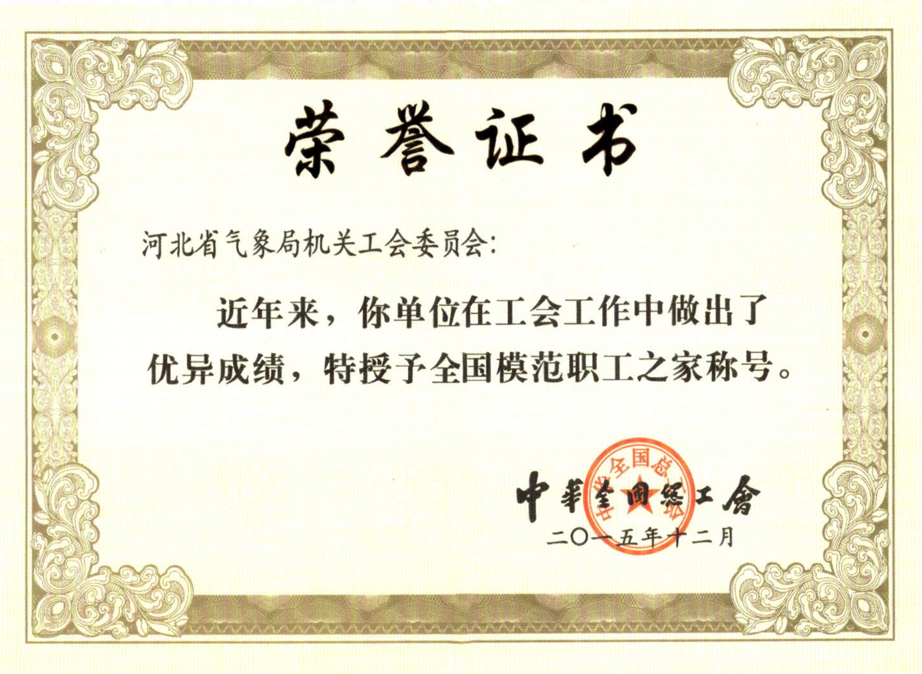

荣誉证书

河北省气象局机关工会委员会：

近年来，你单位在工会工作中做出了优异成绩，特授予全国模范职工之家称号。

中华全国总工会
二〇一五年十二月

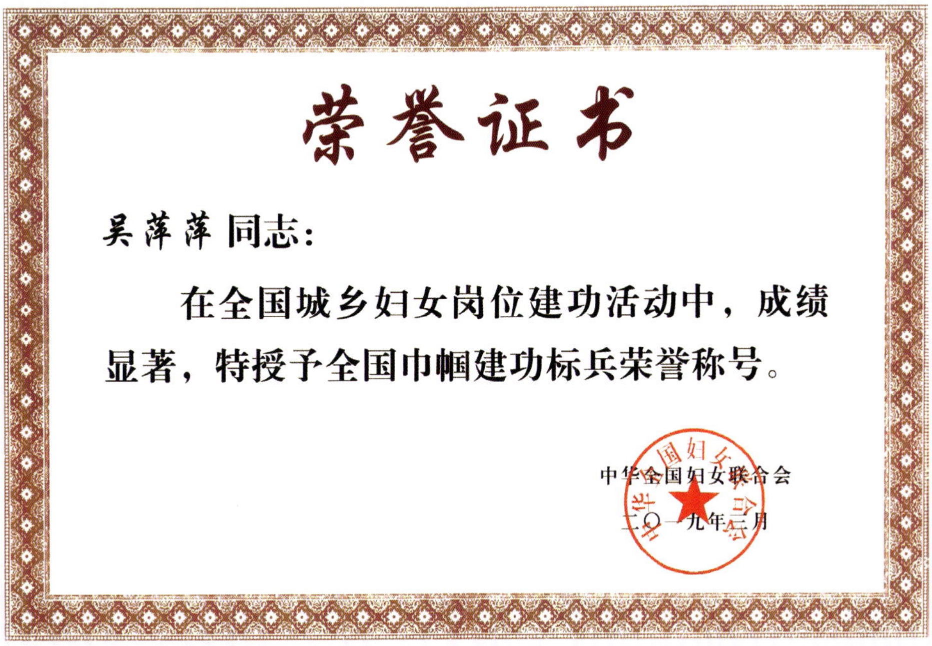

荣誉证书

吴萍萍 同志：

在全国城乡妇女岗位建功活动中，成绩显著，特授予全国巾帼建功标兵荣誉称号。

中华全国妇女联合会
二〇一九年三月

台站风貌

台站环境明显改善、精神风貌焕然一新,增强了向心力、凝聚力。河北省市县联动将基层台站打造为生态环境的风景点、文化生活的活动点、综合素质的加油点、气象知识的科普点、公共服务的示范点的综合气象园区。

◀ 20世纪70—90年代的河北省气象局大门

◀ 2018年的气象大厦

1979年的霸县（今霸州市）气象局

1980年的肃宁县气象站

1984年的河北省承德市滦平县气象局南山坡旧址观测场全貌

▲ 1984年的邯郸市气象局

▲ 1984年的河北省衡水市安平县气象站

20世纪90年代的邱县气象局观测场和办公用房

1991年的魏县气象局

献县气象局旧址

◀ 2006年的晋州市气象局

◀ 2007年投入使用的河北省承德市滦平县气象局办公楼

◀ 2008年投入使用的肃宁县气象局新址

2010年的高邑县气象局办公用房

2013年投入使用的霸州市气象局办公楼

2014年投入使用的邯郸市气象局办公楼

◀ 2014年投入使用的河北省衡水市安平县气象局办公楼

◀ 2015年投入使用的高邑县气象局新办公楼

◀ 2016年投入使用的邱县气象局新办公楼

2019年投入使用的献县气象局新办公楼

2019年投入使用的晋州市气象局新址

2019年投入使用的魏县气象局新址

气象管理体系篇

河北气象部门以深化管理体制改革为切入点,建立覆盖各项工作、各个环节的制度体系,明确岗位职责、工作目标、管理流程和评价标准。用制度培养习惯,用程序规范行为,推进行政运行的科学化、规范化、制度化、程序化,转变作风、规范管理、提高效能。

河北省气象局机构历史沿革

1952年8月

河北省军区气象科

隶属中国人民解放军华北军区司令部气象处管理

1953年9月1日

河北省气象科

从军队建制改为政府建制，隶属华北区人民政府气象处管理

1954年10月18日

河北省气象局

各大区气象处撤销，各省气象科均改为省气象局，属河北省人民委员会建制

1970年1月

河北省革委会水利局水文气象工作站

河北省气象局与河北省水利局水文总站合并，隶属河北省革命委员会领导

1971年5月14日

河北省气象局

实行军队与地方双重领导，以河北省军区领导为主的管理体制

1973年7月1日

河北省气象局

脱离军队领导，隶属同级革命委员会领导，归口河北省革命委员会农办分管

1980年1月1日

河北省气象局

气象部门体制上收，实行气象部门与地方政府双重领导，以气象部门为主的管理体制

河北省气象局历任局长

李春光
河北遵化人 1909年出生
任职时间：1955-1964年

张彪
河北赵县人 1919年出生
任职时间：1973-1978年

周欣
河北行唐人 1933年出生
任职时间：1978-1983年

冯生臣
河北辛集人 1931年出生
任职时间：1983-1984年

朱品
安徽阜阳人 1931年出生
任职时间：1984-1993年

汤仲鑫
湖北孝感人 1938年出生
任职时间：1993-1999年

安保政
河北乐亭人 1954年出生
任职时间：2000-2006年

姚学祥
江苏盐城人 1963年出生
任职时间：2007-2012年

宋善允
辽宁丹东人 1967年出生
任职时间：2012-2018年

张晶
河北深州人 1969年出生
任职时间：2018-

法制建设

河北省气象局紧密结合气象事业改革发展历史进程，结合地方特色卓有成效地开展了地方气象立法工作，地方法制建设成果显著。截至2019年年底，全省共有地方性法规3部，地方政府规章5部，富有河北特色、满足河北地方发展战略气象服务需求的气象法制体系已经建立并不断完善。进入新时代，河北省气象局坚持以习近平新时代中国特色社会主义思想为指导，立足地方气象事业发展需求，不断完善河北省气象法制体系，为全省气象事业高质量发展提供有力保障。

◀ 河北省气象地方性法规

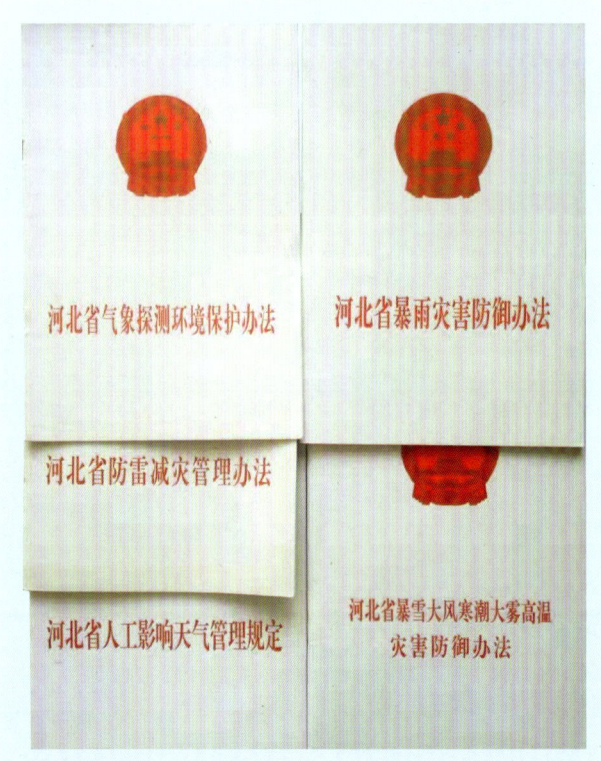

◀ 河北省气象地方政府规章

2005 年以来，河北省气象部门在气象标准化工作中主持或参与起草并经批准发布的气象国家标准 14 个、气象行业标准 30 个、气象地方标准 14 个。其中，由河北省气象部门主持起草并经批准发布的气象国家标准 3 个、气象行业标准 8 个、气象地方标准 14 个。

气象国家标准 ▶

气象行业标准 ▶

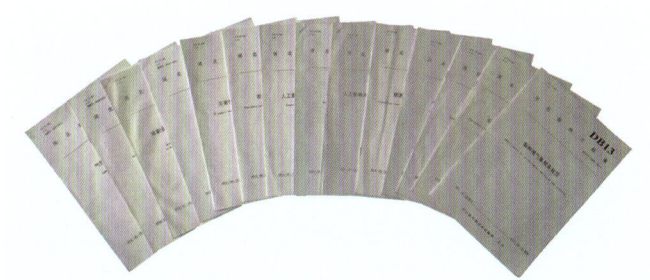

气象地方标准 ▶

▲ 2009年6月23日,河北省气象局获得华北区域气象法律知识竞赛一等奖

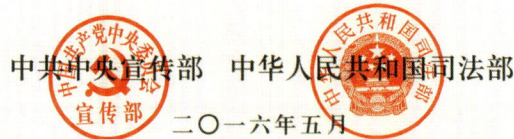

党的十八大以来，河北省气象局推动省政府出台了《河北省暴雨灾害防御办法》《河北省暴雪大风寒潮大雾高温灾害防御办法》等，进一步健全了河北省气象预报预警相关的法规体系，并根据这两个办法和《气象灾害预警信号发布与传播办法》，制定了《河北省灾害性天气预警信号制作发布暂行规定》，依法将气象灾害预警和气象灾害预警信号整合为灾害性天气预警信号，依据河北实际调整了灾害性天气预警信号种类和发布标准，明确了省、市、县三级的发布职责。

▼ 2015年12月4日，石家庄市气象局组织开展普法宣传活动

行政执法

河北省气象局现有政务服务 11 项,其中行政许可 4 项、行政确认 3 项、其他政务服务 4 项。河北气象法制体制机制不断健全,"省局监督、市局为主、县局配合"的气象行政执法架构运行有效,行政执法责任制、异地行政执法协助制度等多部气象行政执法管理规定和气象行政执法三项制度深入实施。

◀ 2013 年 9 月 12 日,河北省人大开展《中华人民共和国气象法》执法检查

◀ 2016年,河北省人大组织召开气象灾害防御执法调研座谈会

▲ 2014年7月23日，承德市气象局与兴隆县委、县政府工作人员共同到半壁山镇小碌洞村人影作业社会化管理作业点查看验收

▲ 2014年7月24日，河北省气象局局长宋善允（右二）一行到宽城满族自治县调研指导工作期间，在该县尾矿库了解重点单位气象灾害防御工作

▲ 2015年8月19日，张家口市气象局组织氢气球执法检查

▲ 2019年5月10日，廊坊市气象局局长展芳（左二）带队对加油站、烟花爆竹厂等易燃易爆、危化场所及雷电灾害防御重点单位进行防雷安全专项检查

开放合作篇

河北省气象部门创新思路、科学谋划,以融入式发展为理念,通过市—厅合作、县—局合作、厅际合作、局—校合作、局—企合作等方式深化开放合作,统筹各方资源,集约凝练项目,以绩效管理理念督导项目落实,促进气象业务现代化和气象服务社会化,加快基层气象台站建设,均衡协调各地气象事业发展,推进气象现代化建设。

省部、市厅合作

党的十七大以来，中国气象局先后 4 次与河北省政府签署合作协议，在公共气象服务、气象防灾减灾、气象现代化建设、重点工程建设以及科技、人才等多领域建立紧密的合作关系，不仅极大地推进了气象事业融入河北经济社会发展各领域，提高了服务的针对性和时效性，实现了气象事业与地方经济社会的协调发展，同时也开拓了气象事业发展的空间。

2012年8月29日，中国气象局与河北省政府在石家庄召开省部联席会议，并为河北省气象灾害防御指挥部、河北省气象灾害防御中心揭牌。会议明确了5项合作事宜：共同推进河北省气象防灾减灾能力提升、共同推进国家级人工增雨基地和科学实验基地建设、共同推进河北省海洋气象监测预警工作、共同推进新能源开发利用、共同推进基层气象台站基础设施建设、共同推进河北省气象事业发展规划重点项目落实。

▲ 2012年8月29日，中国气象局局长郑国光（左四），副局长于新文（左三），河北省省长张庆伟（右三），副省长沈小平（右二）出席省部合作联席会议

2015年11月2日，中国气象局与河北省人民政府在北京召开省部合作联席会议，总结"十二五"期间省部合作共建工作取得的成绩，研究"十三五"时期合作共建的七方面重点内容：推进安全气象服务能力建设，民生气象服务能力建设，云水资源气象开发利用能力建设，环境治理、生态修复气象保障能力建设，河北省绿色产业发展气象保障能力建设，气象台站基础设施保障能力建设，冬奥会与冰雪经济气象保障工程等。

▲ 2015年11月2日，中国气象局局长郑国光、副局长宇如聪，河北省省长张庆伟、副省长沈小平出席省部合作联席会议

河北省气象局以市厅合作为抓手，全面落实省部联席会议精神，省气象局与全省 11 个设区市全部签订合作协议，确定了 55 个合作项目，有效落实了项目和资源，带动了业务现代化。10 余县局开展了局县合作，确保项目上下衔接、逐级配套。

▲ 2013年7月，邢台市人民政府与河北省气象局签署《共同推进气象为邢台市经济社会发展服务合作协议》

▲ 2013年7月23日，衡水市人民政府与河北省气象局签署《共同推动气象为衡水经济社会发展服务合作协议》

▲ 2013年7月28日，石家庄市人民政府与河北省气象局在石家庄召开合作联席会议

▲ 2013年8月，廊坊市政府与河北省气象局签署《共同推进气象为廊坊市经济社会发展服务合作协议》

◀ 2013年8月13日,邯郸市人民政府与河北省气象局签署《共同推进气象为邯郸市经济社会发展服务合作协议》

◀ 2013年8月30日,秦皇岛市人民政府与河北省气象局签署《共同推进气象为秦皇岛市经济社会发展服务合作协议》

◀ 2013年10月,唐山市人民政府与河北省气象局签署《共同推进气象为唐山经济社会发展服务合作协议》

2013年10月28日,承德市人民政府与河北省气象局在承德签署了《共同推进气象为承德市经济社会发展服务合作协议》

2016年10月18日,张家口市人民政府与河北省气象局召开联席会议

2016年10月18日,保定市人民政府与河北省气象局召开联席会议

行业部门合作

近年来,河北省气象局与南京信息工程大学、北京师范大学、河北农业大学等多所院校合作,在人工影响天气、气象灾害防御、为农服务等领域开展了业务合作,开拓了与高校科研院所合作的新局面,共同提升气象服务质量、促进科研项目开发和人才合作交流,促进河北省气象事业高质量发展。

2004年6月，河北省气象局与中国农业大学资环学院签订合作协议

2010年11月24日，省气象局与省旅游局签署联合提升河北旅游气象服务能力合作协议，双方将联合加强旅游气象观测系统建设，联合做好节假日旅游气象预报服务，联合加强旅游景区气象灾害防御工作，联合加强和规范旅游气象信息的发布，加强双方技术合作，提高旅游气象预报服务质量

2011年1月25日，省气象局与中国人民财产保险股份有限公司河北分公司签署合作协议，双方将建立持续高效的联合观测、信息共享、合作研发和沟通交流机制，协同推进河北省政策性农业保险试点工作

◀ 2012年7月11日，省气象局与中国科学院遗传与发育生物学研究所农业资源研究中心签署关于加强业务科研合作的协议，双方就基地共建、业务协作、科研合作、人才培养、资源共享等方面开展全面合作

◀ 2012年9月28日，省气象局与中国气象科学研究院签署合作协议，双方将在试验基地共建、科学研究与交流、人才培养、资源共享等方面开展合作与交流

◀ 2013年9月13日，省气象局与省环保厅签署环境保护工作合作框架协议，建立大气环境监测和信息共享机制、大气环境污染预报预警联合会商和发布机制，开展突发重大环境污染事件和重污染应急服务

2014年4月2日，省气象局与省农林科学院签署科技合作协议，决定开展共建项目平台、资源共享、加强学术交流、联合开展科技服务等四方面的科技合作

2017年4月，在辛集马兰农场，河北省气象科学研究所与南京信息工程大学开展农田科学试验

2017年5月，河北省气象局联合省水利厅等部门，在河北行政学院举办河北省防灾减灾救灾专题培训

▲ 2018年3月15日,"河北行政学院科研教学基地"在省气象局挂牌,省气象局局长张晶(左)与河北行政学院常务副院长孙增武(右)共同为教学基地揭牌

▲ 2018年3月22日,河北省气象局局长张晶(前排左)与河北农业大学校长申书兴(前排右)签署业务科技合作框架协议

▲ 2018年8月29日,省气象局与长城新媒体集团签订深化合作协议,双方将各自发挥在气象监测、预报预警权威信息和政府门户网站、河北民生服务第一网络窗口的优势,通过局企合作共同促进河北省民生服务、防灾减灾等公共事业发展,为开创新时代经济强省、美丽河北建设的新局面提供坚实的支撑保障

▲ 2019年3月26日,河北农大组织相关学科教授、专家联合到田间进行农业气象考察

国际交流

1. 1975年7月12日，中国科学院大气物理研究所安排美籍华人气象学教授张捷迁（右二）到涿县（今涿州市）考察

2. 1989年，河北省气象局局长朱品（左五）到罗马尼亚国家水文气象局学习调研

3. 1993年4月15日，欧亚十七国气象局局长在中国气象局副局长颜宏（前排左五）的陪同下到河北省考察。河北省省长叶连松（前排右六）会见全体成员并合影

4. 1999年8月，世界气象组织干事哈桑来省气象局考察交流

1	2
3	4

1	2
3	

1. 2017年以来，河北省气象台先后7次邀请奥地利国家气象局王勇（右一）教授就数值模式预报、智能网格预报、冬奥会气象服务保障等工作交流指导

2. 2018年8月，丹麦气象局杨小华（右三）博士到河北进行交流访问，就丹麦气象业务模式应用及数值模式发展与省气象台进行深入探讨

3. 2018年，河北省气象台天气预报首席李江波（右一）在瑞士达沃斯与国外气象工作者共同做赛事气象服务